AF312255

MINISTÈRE DES TRAVAUX PUBLICS.

PORTS MARITIMES

DE LA FRANCE.

NOTICES

SUR LES PORTS

DE FÉCAMP, D'YPORT ET D'ÉTRETAT,

PAR M. RENAUD,

INGÉNIEUR DES PONTS ET CHAUSSÉES.

PARIS.

IMPRIMERIE NATIONALE.

M DCCC LXXIV.

PORTS

DE FÉCAMP, D'YPORT ET D'ÉTRETAT.

MINISTÈRE DES TRAVAUX PUBLICS.

PORTS MARITIMES
DE LA FRANCE.

NOTICES
SUR LES PORTS
DE FÉCAMP, D'YPORT ET D'ÉTRETAT,

PAR M. RENAUD,
INGÉNIEUR DES PONTS ET CHAUSSÉES.

PARIS.
IMPRIMERIE NATIONALE.

M DCCC LXXIV.

PORT DE FÉCAMP.

CHAPITRE PREMIER.

RENSEIGNEMENTS GÉOGRAPHIQUES ET HYDROGRAPHIQUES.

Le port de Fécamp est situé à l'extrémité Nord de l'arrondissement du Havre; il y a entre cette ville et le port une distance de 43 kilomètres par les voies de terre.

La latitude du feu de la jetée Nord est de 49° 45′ 57″ Nord; sa longitude est de 1° 58′ 28″ Ouest.

La ville est établie au confluent des deux rivières de Valmont et de Ganzeville, dans une vallée ouverte vers l'O. N. O. et défendue contre les invasions de la mer par une plage de galet de près de 1,000 mètres de longueur.

L'entrée du port est dominée par la falaise du cap Fagnet, qui s'élève à une hauteur de plus de 100 mètres au-dessus des hautes mers et présente des escarpements remarquables.

Le cap Fagnet, appelé aussi le *Heurt de Fécamp,* limite au N. E. une baie peu prononcée, qui a deux milles et demi de longueur, et qui est fermée à son extrémité S. O. par le retour brusque de la falaise à l'Ouest de laquelle se trouve Yport.

Les deux rivières de Valmont et de Ganzeville, qui arrosent de jolies et riches vallées, ont leur confluent un peu en amont de la retenue des chasses, dans laquelle elles se jettent.

Le port de Fécamp est le point de départ de plusieurs routes, et la tête d'une ligne de chemin de fer qui le relie aux lignes de l'Ouest, dans la gare de Beuzeville.

1

Le chenal de Fécamp s'ouvre vers l'Ouest.

Par suite de la direction de l'entrée et du profil assez accore de la plage, la mer y est fréquemment houleuse; elle y est très-grosse par les vents du N. O. au S. O. et il est alors très-dangereux d'attaquer le chenal pendant le flot. Il est à noter que les vents de S. O., bien que soufflant du côté de la terre, font acquérir aux lames leur plus grand développement.

Le fond du chenal est à $0^m,50$ au-dessous des plus basses mers; la hauteur y est de $6^m,50$ en morte eau ordinaire, et de $9^m,50$ en vive eau.

L'entrée est saine; elle n'est obstruée par aucun poulier, et la côte plonge rapidement et uniformément devant les jetées. On trouve les profondeurs de 10 mètres au-dessous des plus basses mers à une distance de 500 mètres en face des jetées.

Par les vents du Sud au N. E. les navires trouvent un bon mouillage en face de la plage.

Le tableau suivant contient le résultat d'observations faites dans la ville pendant un grand nombre d'années[1].

SAISONS.	N.	N. E.	E.	S. E.	S.	S. O.	O.	N. O.	TOTAUX.
Hiver............	3,6	4,6	15,4	11,1	15,7	18,2	13,6	7,8	90,0
Printemps........	6,3	11,8	17,3	6,1	8,5	9,1	21,0	11,9	92,0
Été.............	4,9	9,6	12,0	4,6	5,9	9,1	28,8	17,1	92,0
Automne.........	4,3	7,2	17,8	9,1	12,6	15,5	15,5	9,0	91,0
TOTAUX.....	19,1	33,2	62,5	30,9	42,7	51,9	78,9	45,8	365,0

Ces chiffres accusent une grande prédominance des vents d'Ouest.

[1] Il n'a pas été fait d'observations anémométriques suivies sur le port.

Les chiffres ci-dessus résultent d'observations faites dans la ville, pour une période de vingt années, par M. E. Marchand. Le régime de la vallée auquel ils se rapportent diffère du régime du port en ce que les vents de N. E. ou de N. O. sont infléchis vers l'Est ou vers l'Ouest, par suite de la direction de cette vallée.

Toutefois, certaines années, le vent de N. E. souffle avec une persistance remarquable.

Les courants devant le port de Fécamp suivent le mouvement général des eaux de la Manche. La direction principale du flot est sensiblement parallèle à la plage; sa vitesse au droit du port est au large de 4 milles à l'heure en marées moyennes.

Le flot acquiert une vitesse qui s'élève à 3 milles en vive eau, aux abords des jetées, par suite de la position avancée du cap Fagnet; il double la jetée Sud et se divise en deux parties, dont l'une pénètre dans le port, tandis que l'autre frappe le musoir de la jetée Nord pour se porter ensuite sur les roches amoncelées au pied du cap.

Le courant reverse presque immédiatement après le plein de la mer.

Lorsque les portes de l'écluse de chasse sont ouvertes, la grande superficie de ce réservoir provoque dans le chenal un courant assez vif, à marée montante ou baissante.

L'établissement du port est 10 heures 44 minutes.

Les niveaux des marées, rapportés au niveau des plus basses mers connues, sont les suivants :

Basses mers	extraordinaires de vive eau............	0^m,00
	moyennes de vive eau................	0 ,90
	de morte eau.....................	2 ,65
Hautes mers	de morte eau.....................	5 ,90
	moyennes de vive eau................	7 ,90
	extraordinaires de vive eau............	8 ,65

L'unité de hauteur est 3^m,70.

L'examen de la courbe de marée donnée à la page suivante montre qu'il n'y a pas d'étale.

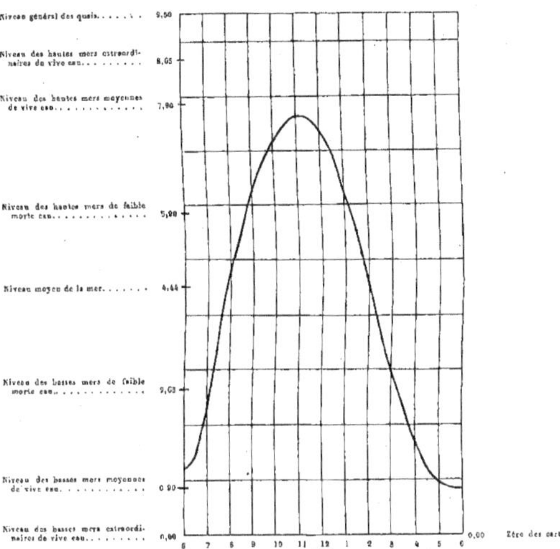

Dans la pratique du service, les nivellements sont rapportés à un plan de comparaison passant à 10 mètres au-dessus du couronnement de l'écluse de navigation, soit à $19^m,50$ au-dessus des plus basses mers connues.

Anciennement, le port de Fécamp était fréquemment encombré par le galet, comme les ports voisins du littoral de la Manche. Depuis que la jetée Sud a été prolongée, de 1847 à 1850, les pouliers ont cessé de se former, et même la laisse des basses mers a reculé aux abords de cette jetée.

Les écluses de chasse ne jouent que très-rarement pour expulser les vases et les sables, qui se déposent d'ailleurs en petites quantités dans l'avant-port et le chenal.

Les niveaux des parties principales du port sont les suivants :

INDICATION DES TRAVAUX.	NIVEAUX	
	AU-DESSOUS DU PLAN de comparaison.	AU-DESSUS DES PLUS BASSES MERS connues.
	m.	m.
Jetée du Sud et contre-jetée......................	7,60	11,90
Jetée du Nord...............................	7,65	11,85
Estacade Sud (au milieu)........................	8,45	11,05
Estacade Nord { extrémité Ouest...................	8,95	10,55
{ milieu.........................	9,30	10,20
Quai des Pilotes..............................	9,30	10,20
Quais de l'avant-port et quai Nord du bassin (partie Ouest).	10,00	9,50
Couronnement des musoirs des écluses.............	10,00	9,50
Appontements du bassin Gayant...................	10,20	9,30
Quai Bérigny et quai de la Mâture.................	10,60	8,90
Couronnement des cales aux bois dans le bassin Bérigny.	12,30	7,20
Couronnement de la cale aux bois de l'avant-port......	14,35	5,15
Seuil de l'écluse des chasses......................	15,20	4,30
Plate-forme sous l'estacade Nord..................	16,20	3,30
Extrémité de l'avant-radier de l'écluse de chasse.......	16,40	3,10
Busc de l'écluse de communication et souille dans la retenue......................................	17,00	2,50
Gril de carénage..............................	17,15	2,35
Niveau général du fond du bassin Bérigny............	19,00	0,50
Avant-port au pied des quais.....................	19,00	0,50
Parties hautes du chenal actuel...................	20,00	— 0,50
Busc de l'écluse Bérigny et fond du bassin aux abords....	21,00	— 1,50

CHAPITRE II.

Les débris rencontrés à Fécamp[1], et notamment les restes de retranchements qui paraissent contemporains de ceux de Limes[2], attestent son origine très-ancienne.

D'après quelques antiquaires, il aurait été occupé jadis par le préfet romain de la province de Bretagne. Quoi qu'il en soit, il paraît avoir servi de demeure aux comtes du pays de Caux, qui, sous la première et la deuxième race de nos rois, furent chargés de défendre les rives de la Neustrie contre les invasions réitérées des hommes du Nord.

Une tradition, à laquelle la légende populaire a mêlé des événements merveilleux, veut que le monastère et l'église de la Sainte-Trinité aient été fondés en 658 par Waninge, secrétaire et ami du roi Clotaire III, lequel en fit la dédicace en 664 et y installa une communauté de religieuses. Cette première communauté fut détruite de fond en comble par les hommes du Nord en 841.

Les fils de Rollon firent de Fécamp leur résidence. Guillaume Longue-Épée et son fils Richard Ier, qui naquit à Fécamp, rebâtirent l'abbaye dans la seconde moitié du xe siècle. Ce dernier y établit la règle de Saint-Benoît.

Enrichie par les ducs suivants, qui continuèrent à faire leur séjour au château de Fécamp, puis par les rois de France, la nouvelle abbaye parvint rapidement à un haut degré de splendeur. Les abbés, seigneurs spirituels et temporels de la ville, étendaient leur

---

[1] Anciennement *Fiscan*, dont l'étymologie se trouve dans deux mots celtiques exprimant les conditions topographiques de la vallée. — [2] *Limes* est le nom d'un camp gaulois décrit dans plusieurs ouvrages.

juridiction sur une partie considérable du pays de Caux. On compte parmi les plus célèbres les cardinaux La Balue et Boyer, le cardinal de Lorraine et plusieurs autres membres de la famille de Guise, Henri de Bourbon, Jean-Casimir, roi de Pologne.

Jusqu'à la révolution de 1789, l'histoire de la ville se confond avec celle de son abbaye, qui joua un rôle important dans les guerres si fréquentes du moyen âge.

En 1066, les moines de Fécamp vinrent en aide à Guillaume le Conquérant, lors de l'invasion de l'Angleterre, et furent récompensés par l'obtention de larges bénéfices dans le pays conquis.

Dans les luttes sanglantes entre les rois de France et d'Angleterre, Fécamp tomba alternativement, et à de nombreuses reprises, entre les mains de l'un et l'autre parti. Plus tard, pendant les guerres de religion, des siéges fréquents ruinèrent la ville et l'abbaye. C'est dans cette période que le château situé sur la falaise tomba aux mains de Bois-Rosé, par un des faits d'armes les plus audacieux de notre histoire militaire.

Peu après ce hardi coup de main, Fécamp fut pris par les troupes du roi Henri IV.

Ce fut la fin de cette longue série d'épreuves, qui avait épuisé toutes les ressources du pays. A partir de cette époque, le port commença à se relever, et l'on ne tarda pas à y construire les premiers ouvrages importants.

L'abbaye avait été mise définitivement en pleine possession du port par une charte du roi Henri II, vers 1185. Ce furent, en conséquence, les moines qui exécutèrent et entretinrent les premiers ouvrages, au moyen d'impôts spéciaux, portant principalement sur la vente du poisson; car, dès le xe siècle, Fécamp se livrait à la pêche et à la salaison du hareng.

Ces premiers travaux ont consisté dans des jetées destinées à fixer le chenal, dans de grossières écluses de chasse, établies au Nord et au Sud de l'îlot que borde aujourd'hui le grand quai, et probablement aussi dans quelques estacades pour l'avant-port.

Une première série de travaux date du xiii⁰ siècle. De grosses réparations furent exécutées au xiv⁰.

Dans le siècle suivant, sous la domination anglaise, quelques nouveaux ouvrages furent faits pour assurer l'efficacité des chasses.

Au milieu du xvi⁰ siècle, la jetée d'aval fut enlevée par la mer, et le chenal se trouva momentanément obstrué par ses débris.

Au commencement du xvii⁰ siècle, la ruine générale de tous les ouvrages rendait le port peu praticable.

Des difficultés survinrent, à cette époque, entre les moines et les armateurs, au sujet des droits prélevés pour l'exécution de nouveaux travaux devenus nécessaires; en 1683, le roi retira l'administration du port aux abbés, pour la confier à un vicomte spécial.

On s'occupa alors d'élever les ouvrages indispensables, sous la direction de Vauban.

Un plan daté de 1694 indique que le port possédait à cette époque les écluses de chasse Nord et Sud, un quai rejoignant ces deux écluses et une partie de la jetée Nord. L'avant-projet d'amélioration arrêté par Vauban comprenait :

1° La construction d'une troisième écluse entre les deux autres, pour mettre à profit la grande quantité d'eau que pouvait contenir la retenue;

2° La construction d'estacades tout autour de l'avant-port et sur les deux faces du chenal;

3° Le prolongement de la jetée Nord;

4° La construction d'une jetée au Sud de l'entrée.

Dans cet avant-projet, aucune précaution spéciale n'était prise pour assurer le calme dans l'avant-port.

La situation des deux musoirs projetés diffère peu de celle des musoirs actuels.

De 1710 à 1750, on fit les murs qui relient la jetée Nord à l'écluse de chasse; on fit d'importantes restaurations aux écluses, et on termina le grand quai, qui n'avait pas encore été amené à

PLAN DU PORT DE FECAMP EN 1694, AVEC LES AMÉLIORATIONS PROJETÉES.

Échelle de $0^m,0001$ pour 1 mètre $\left(\frac{1}{10000}\right)$.

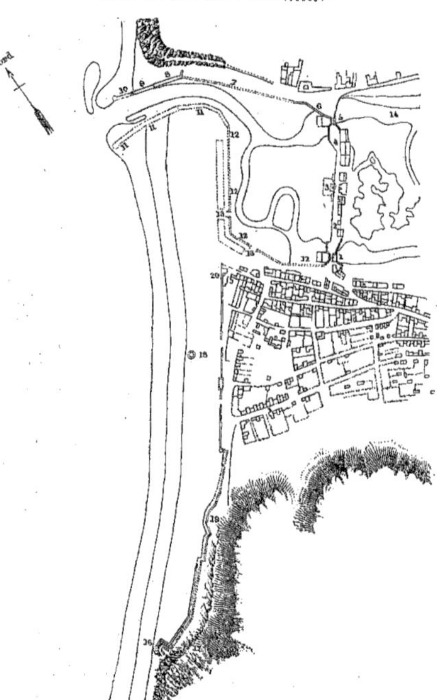

LÉGENDE.

1. Écluse d'aval.
2. Chaussée.
3. Écluse proposée.
4. Chaussée.
5. Écluse d'amont.
6. Quai en maçonnerie.
7. Quai en charpente.
8. Palissade.

9. Jetée en maçonnerie.
10. Jetée à faire du côté d'amont.
11. Jetée à faire du côté d'aval.
12. Quais à faire du côté d'aval.
13. Cales à faire du côté d'aval.
14. Retenue d'eau.
15. Batterie du cap Fagnet.
16. Batterie du Batifaux.

17. Magasin du Batifaux.
18. Tour.
19. Place propre à faire une plate-forme.
20. La Vicomté.

Nota. Les lignes ponctuées indiquent le projet dressé à cette époque par Vauban.

hauteur, et était longtemps resté inaccessible aux navires sur une partie de son développement.

Quelques années plus tard, on construisit une partie de la jetée Sud. Lorsque la Révolution survint, on venait de terminer depuis peu la jetée Nord. Ces deux ouvrages étaient entièrement en charpente.

Il convient de mentionner ici un plan général d'améliorations dressé vers 1800 par M. de Lescaille, ingénieur du port. Cet avant-projet ne put recevoir aucune suite immédiate, à cause des guerres de la Révolution et de l'Empire, qui arrêtèrent pour long-temps la poursuite des travaux d'amélioration ; il n'en présente pas moins un grand intérêt comme indiquant déjà les principaux ou-vrages établis depuis, et les dispositions qui ont été suivies par les successeurs de M. de Lescaille.

Les seuls travaux exécutés à l'entrée du port, jusqu'en 1838. consistèrent dans la réparation ou la reconstruction de ce qui existait.

La jetée en charpente du Sud, enlevée par la mer, fut remplacée par une jetée en maçonnerie ; celle-ci ne fut achevée qu'en 1821. alors que les dernières fermes de l'ouvrage primitif avaient dis-paru dès 1812.

La jetée Nord fut refaite de la même manière, au fur et à me-sure de sa destruction par la mer.

De 1838 à 1842 on construisit l'estacade Nord, puis la risberme qui en défend le pied.

Pendant cette même période, on avait remplacé l'écluse de chasse du Sud par une écluse de navigation qui donne accès dans la retenue ; on avait créé la partie Ouest du bassin Bérigny, et complété les quais de l'avant-port.

La promulgation de la loi du 16 juillet 1845 vint, à ce moment, donner une vive impulsion aux travaux d'amélioration.

Le programme qui avait servi de base à cette loi comprenait :

1° Un brise-lames au Nord de l'entrée, à construire aux dépens de la jetée existante ;

PLAN DU PORT DE FÉCAMP EN 1800, AVEC LES AMÉLIORATIONS PROJETÉES.

Échelle de $0^{m},0001$ pour 1 mètre ($\frac{1}{10000}$).

1. Allongement de la jetée de l'Est (40 mètres).
2. Jetée de l'Est en bois.
3. Jetée de l'Ouest.
4. Chenal.
5. Chemin de halage à claire-voie.
6. Plage inclinée pour calmer la vague.
7. Batterie du cap Fagnet.
8. Corps de garde.
9. Magasin des travaux.
10. Épi à l'entrée du port.
11. Cale pour les chaloupes : largeur, 18 mètres; longueur, 25 mètres.
12. Ancien mur de fortification.
13. Éperon projeté.
14. Avant-port.
15. Cales pour les constructions : largeur, 16 mètres; longueur, 30 mètres.
16. Magasins.
17. Ancien parc aux huîtres.
18. Corps de garde de la tour.
19. Corderies.
20. Retranchements.
21. Nouveau mur de quai du port.
22. Écluse de l'Est.
23. Écluse de l'Ouest.
24. Porte d'entrée du bassin projeté (largeur, 14 mètres).
25. Nouvelle écluse de chasse projetée (19 mètres de largeur, compris trois piles).
26. Digue séparant le port de la retenue.
27. Retenue de 194,938 mètres superficiels.
28. Bassin projeté avec 7 m. 17 cent. de hauteur d'eau; longueur, 400 mètres; largeur, 100 mètres.
29. Place du Commerce projetée.
30. Emplacements destinés aux constructions.
31. Nouvelle place au Poisson.
32. Rues à ouvrir.
33. Levée plantée d'arbres projetée autour de la retenue : largeur variant entre 20 et 27 mètres.
34. Place du Vieux-Marché.
35. Marché.
36. Pont projeté de la rivière de Ganzeville.
37. Lit projeté de la rivière de Ganzeville.
38. Lit de la rivière de Ganzeville.
39. Îles dans la retenue.
40. Aqueduc servant à introduire les eaux pour curer le bassin : largeur, 12 mètres; longueur, 60 mètres.

Nota. Les lignes ponctuées indiquent le projet dressé à cette époque par M. de Tesseville, ingénieur du port.

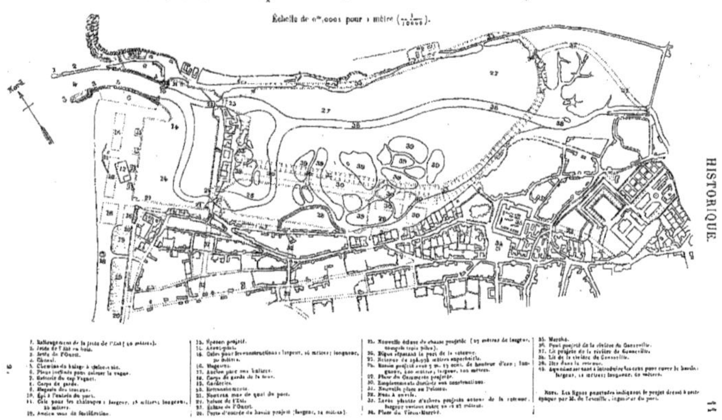

2° Le prolongement de la jetée du Sud vers la mer et vers le port, avec établissement d'un brise-lames dans chacun de ces prolongements ;

3° La construction de trois épis sur la plage ;

4° La restauration de l'écluse de chasse ;

5° La construction d'un gril de carénage dans l'avant-port ;

6° L'approfondissement de l'avant-port ;

7° L'agrandissement du bassin à flot.

Une partie seulement de ce programme a été exécutée, avec des modifications importantes dans les dispositions prévues pour les ouvrages.

La jetée Sud a été prolongée vers la mer par l'ensemble des ouvrages formant le brise-lames Ouest, et vers le port par la claire-voie Sud, en arrière de laquelle a été disposé un autre brise-lames.

Quelques travaux de défense ont été exécutés sur la plage Ouest.

L'écluse de chasse a été restaurée, et ses portes reconstruites.

Le gril de carénage a été construit et l'avant-port approfondi ; le bassin a été agrandi et entouré d'appontements.

Ces diverses entreprises ont été terminées en 1859.

Le mouvement du port s'étant accru rapidement sous l'influence de ces améliorations importantes, de nouveaux besoins se manifestèrent, et divers décrets rendus en 1859, 1860, 1863 et 1867, ont autorisé l'exécution d'une nouvelle série de travaux, en grande partie terminés aujourd'hui.

On a approfondi le chenal et creusé de nouveau l'avant-port, reconstruit l'écluse de navigation, en lui donnant des dimensions plus importantes, reconstruit ou restauré les ouvrages situés au Sud de l'entrée, prolongé le bassin Bérigny, qu'on a entouré de murs de quais, établi une écluse de communication entre le bassin et la retenue des chasses, et enfin exécuté les premiers travaux d'aménagement du bassin Gayant, créé dans la partie inférieure de cette retenue, spécialement pour l'hivernage des bateaux de pêche.

Les travaux qui restent à exécuter pour compléter le programme

arrêté par l'administration comprennent la reconstruction d'une
partie de la claire-voie Sud, l'achèvement du brise-lames Sud à
son extrémité Est, et enfin de grosses réparations aux ouvrages situés au Nord du chenal et aux quais de l'avant-port.

En outre, le pont Gayant, qui établit une communication entre
les deux rives de la retenue, doit être reconstruit par le service du
département.

La description détaillée de ces divers travaux est donnée dans
le chapitre suivant.

Il ne s'est passé à Fécamp, dans le courant du siècle, aucun évé-
nement digne d'être relaté.

La population se livre aux armements pour la pêche de la morue, du hareng et du maquereau; la ville renferme une grande
quantité d'établissements pour la préparation de ces poissons.

La ville possède en outre un nombre assez important d'établissements industriels, filatures, tanneries, minoteries et scieries mé-
caniques.

Fécamp est un chef-lieu de canton et le siége d'une chambre et
d'un tribunal de commerce.

L'accroissement de la population a suivi le développement du
mouvement commercial du port. Elle était de 6,000 âmes en 1789,
de 9,452 en 1840; elle est aujourd'hui de 13,016 habitants.

CHAPITRE III.

Les abords du port ne nécessitent aucun système de balisage pour diriger les navires, de jour.

La position du cap Fagnet est signalée, de nuit, par un phare de premier ordre, dont le foyer est à 120 mètres au-dessus des plus hautes mers.

La jetée Sud porte un feu fixe rouge sur son musoir; un feu de marée à éclats est situé sur la jetée Nord, à 52 mètres de son extrémité. La jetée Nord porte en outre une cloche pour les temps de brume, et un appareil pour diriger, dans les gros temps, les navires obligés d'entrer sans pilote.

Un mât servant aux signaux de marée pendant le jour se trouve sur la jetée Sud.

Des cabestans sont installés sur les deux musoirs.

Le chenal est limité entre deux jetées de longueurs à peu près égales.

La distance des deux musoirs est de 70 mètres; leur tangente commune, sensiblement parallèle à la plage, est orientée suivant le N. N. E. 2° $\frac{1}{4}$ Nord; l'entrée regarde l'Ouest. Les jetées convergent assez rapidement; la largeur du chenal est réduite à 45 mètres à l'origine de la claire-voie Nord, à 40 mètres de son extrémité Est.

Les ouvrages qui limitent le chenal du côté du Nord se composent de trois parties :

1° Une jetée pleine en maçonnerie, de 97 mètres de longueur, suivie de 52 mètres de mur de quai;

2° Un mur terminé par un épi saillant, désigné habituellement sous le nom d'*épi Nord;*

3° Une estacade à claire-voie, faisant suite à la jetée sur une longueur de 143 mètres et s'appuyant à cet épi.

La jetée pleine a dû être le premier des ouvrages établis, pour donner un appui au courant des chasses et assurer ainsi la fixité du chenal à travers les pouliers de galet; son premier établissement remonte vraisemblablement à plusieurs siècles.

D'après l'avant-projet de Vauban, cet ouvrage devait recevoir une longueur totale de 50 toises et être prolongé vers le port par un quai en charpente allant se souder aux murs en retour de l'écluse Nord. À la fin du xviie siècle, cette jetée, qui devait occuper l'emplacement de la jetée actuelle et s'avancer seulement de quelques mètres de moins dans la mer, était exécutée en maçonnerie sur une longueur de 20 toises, prolongée en charpente sur quelques toises seulement; l'estacade vers l'intérieur du port était déjà faite sur 30 toises de longueur. De 1710 à 1720, on s'occupa exclusivement du prolongement des ouvrages vers l'écluse de chasse, suivant les dispositions dont on trouvera plus loin la description. Au milieu du xviiie siècle, autant qu'on peut en juger par les plans terriers de l'abbaye, le peu de charpente faite en vue de prolonger la jetée avait disparu; il ne restait plus que la partie en maçonnerie, elle-même enveloppée de masques, qui, rajoutés après coup, purent retarder sa ruine, mais ne l'empêchèrent pas. Peu d'années après, on s'occupa de reconstruire un nouvel ouvrage en charpente, qui fut exécuté sur toute la longueur prévue par Vauban; ce travail fut achevé en 1782.

Le nouvel ouvrage, établi directement sur le banc de craie chloritée qui borde le côté Nord du chenal, avait une hauteur de 9^m,35, se réduisant à 7^m,30 vers l'enracinement, par suite du relèvement de la roche; sa largeur moyenne était de 5^m,70. Les fermes, espacées de 2^m,70 d'axe en axe, se composaient de deux montants inclinés environ au sixième, reliés entre eux par trois cours de moises horizontales et deux croix de Saint-André; le montant, du côté du chenal, était en outre appuyé, vers la base, par une petite contre-fiche; chaque montant était en deux pièces, greffées au droit des moises intermédiaires; les poteaux de remplage étaient constitués de la même manière.

Les fermes étaient reliées par six cours de longerons formant moises et trois longerons simples supportant le tillac. Le bordé du coffrage était cloué à l'extérieur, en sorte qu'aucune pièce de charpente ne faisait saillie.

Le musoir avait une largeur moyenne de 8^m,20 sur 15 mètres de longueur.

De 1813 à 1818, les charpentes furent l'objet de réparations considérables. Le musoir venait d'être reconstruit lorsque, au mois de mars 1820, la jetée fut coupée par la mer dans la partie adjacente à ce musoir, sur une longueur de 15 mètres, laquelle fut reconstruite en maçonnerie. On opéra de même pour les autres parties de la jetée, au fur et à mesure de leur destruction par la mer en 1823, en 1836 et en 1842.

En 1834, en vue d'une ruine prochaine du musoir en charpente, on construisit en prolongement le musoir actuel en maçonnerie, augmentant ainsi la longueur de la jetée de 9 mètres.

Dans cette reconstruction de l'ouvrage, on s'est peu écarté des dimensions premières; la jetée actuelle a une largeur moyenne de 6^m,20 et une hauteur de 10 mètres [1]. Elle est formée d'un massif en maçonnerie de blocage compris entre deux parements en pierre de Ranville, reliés l'un à l'autre par des cours de libages. Les mortiers ont été faits avec la pouzzolane du pays; dans les derniers travaux seulement on s'est servi accidentellement du ciment de Pouilly; les pierres ont été reliées par des crampes.

Les dépenses indiquées plus loin pour l'ensemble de ces travaux font ressortir le prix du mètre courant de jetée en maçonnerie à 5,500 francs.

La jetée n'a été, depuis sa reconstruction, l'objet d'aucune répa-

[1] L'historique d'une partie de ces travaux a été publié dans les *Annales des ponts et chaussées*, année 1839, 2e semestre, p. 288.

ration importante; il y a uniquement à mentionner l'établissement,
en 1863, d'une risberme en maçonnerie de moellons, paremcntée
en briques et exécutée au mortier de ciment de Portland, sur la
longueur de 54 mètres voisine de l'estacade du Nord. Cet ouvrage
a remplacé une défense analogue, que la mer avait détruite; il s'ap-
plique, pour une longueur de 32 mètres, à une partie de l'ancien
mur faisant suite à l'enracinement de la jetée, et dont l'alignement
a été modifié au moment de la construction de la claire-voie, comme
il sera dit plus loin.

Le lit supérieur du banc de roche sur lequel est fondée la jetée
du Nord a disparu peu à peu sous l'action des tempêtes, principalement par suite des travaux de dérochement exécutés dans le voisinage. La mer tendant à se frayer un passage sous les fondations,
une décision récente vient d'approuver en principe un projet de
construction d'une risberme enveloppant toute la face Sud et une
partie de la face Nord de l'ouvrage.

La loi du 16 juillet 1845 avait prévu la construction d'un brise-
lames au Nord de l'entrée; une claire-voie de 30 mètres de longueur devait être établie dans la jetée, entre le musoir et le feu de
marée; la chambre du brise-lames aurait été fermée du côté du
large par une contre-jetée en charpente, de 90 mètres de long, inclinée à 45 degrés sur la jetée, et arasée à 1 mètre au-dessus des
plus hautes mers.

Ce projet n'a reçu aucune suite. Son exécution aurait sensiblement diminué la fatigue à laquelle la disposition convergente des
ouvrages expose la jetée et l'estacade Sud ainsi que la claire-voie
Nord.

Le projet d'amélioration du port arrêté par Vauban supposait que
le quai en charpente faisant suite à la jetée Nord serait prolongé
jusqu'à l'écluse de chasse.

Cette disposition eût été très-préjudiciable au calme de l'avant-
port. En cours d'exécution, on décida de modifier la direction du
quai projeté, en le retournant d'équerre, de manière à former un

éperon saillant de 75 mètres à 190 mètres en arrière de l'enracinement de la jetée.

Ce nouvel ouvrage fut construit en maçonnerie; les parties en charpente voisines de la jetée furent également construites en maçonnerie. Ces divers travaux étaient terminés en 1850.

Le mur de quai est établi directement sur la roche.

L'extrémité de l'éperon vers le chenal a été fondée sur un simple enrochement maintenu par des pieux jointifs; son pied est défendu par une risberme. Cet ouvrage, situé en face de l'écluse de chasse et exposé aux affouillements, a exigé, à diverses reprises, d'importantes réparations.

En 1793, une partie de la fondation s'affaissa, entraînant le parement, qui dut être refait en entier, en même temps qu'on reprenait le mur en sous-œuvre.

En 1831, la risberme, formée d'un coffrage rempli en moellons et défendu en avant par une ligne de pieux jointifs, subit une grosse réparation.

Les travaux de reconstruction de la risberme de l'estacade Nord, récemment approuvés, doivent être étendus à celle de l'épi.

Pour rendre plus efficace l'action de cet éperon, de gros enrochements ont été jetés de manière à former, devant le parement des murs, deux épis saillants sur lesquels la mer brise. Mais ces enrochements sont très-affaissés et ont besoin d'être rechargés.

La claire-voie Nord a été construite de 1838 à 1840, pour faciliter les mouvements des navires, qui, dans l'ancien état de choses, se trouvaient souvent drossés par la mer dans l'anse formée par le quai et l'épi, et en danger de perdition, faute de moyens de halage, par suite de la tendance qu'avait le chenal à se porter dans cette anse.

La nouvelle estacade, d'une concavité très-prononcée, fut établie sur une plate-forme en pierre de Ranville avec fondation de béton, défendue en avant par une ligne de pieux jointifs, et en arrière par des pieux bordés. Les fermes ont été espacées de 3 mètres d'axe en axe, et fixées sur la plate-forme par des scellements et deux potilles greffées sur les lignes de pieux.

La hauteur moyenne des fermes est de 7 mètres. Elles se composent de deux montants reliés par quatre paires de moises; trois contre-fiches butant sur les moises inférieures ou le montant intérieur de la ferme soutiennent le montant du large.

Les bois sont en chêne; leurs équarrissages varient de 28×28 à 36×36. Les poteaux de remplage sont au nombre de deux entre chaque ferme; les fermes sont reliées entre elles par huit cours de longerons.

Afin de supprimer un raccord sous un angle très-aigu à l'extrémité Nord de l'estacade, le mur faisant suite à la jetée a été refait sur une longueur de 32 mètres.

La longueur totale de l'estacade est de 143 mètres. Son prix de revient, y compris la plate-forme de fondation, ressort à 1,900 fr. par mètre courant.

L'estacade était à peine construite depuis une année qu'on reconnut la nécessité d'en défendre le pied par une risberme, ainsi que celui des 32 mètres de mur refaits à l'enracinement de la jetée Nord.

Cette risberme se compose d'un massif de béton de $1^m,70$ d'épaisseur, reposant en moyenne à la cote $19^m,50$ de l'échelle du port, sur un terrain assez dur, mais cependant affouillable, composé de marne et de débris de silex agglutinés. Ce massif a été défendu par une ligne jointive et recouvert par un revêtement en bois. Le prix de revient est ressorti à 450 francs par mètre courant.

Dans ce travail, comme dans le précédent, on employa des chaux hydrauliques provenant, pour une grande partie, du bassin de Paris. Ces chaux se sont décomposées assez promptement, et des accidents graves se sont produits.

En 1860, la risberme fut refaite au droit des premières fermes, et les charpentes subirent en même temps une grosse réparation.

3.

En 1861, ainsi qu'il a déjà été dit, on reconstruisit la partie de risberme correspondante au mur.

La réparation exécutée à la risberme en 1860 avait été faite avec des mortiers de chaux hydraulique et n'a pas eu de durée. La ruine de la risberme, qui est complète sur une certaine longueur, a pu s'étendre à la plate-forme : au mois d'octobre 1870, l'estacade, manquant d'appui, a éprouvé des avaries très-graves. On a remédié au plus pressé en battant des pieux, sur lesquels ont été saisis les poteaux de devant et de derrière de chaque ferme; des réparations ont été faites dans les charpentes; les abouts des longerons ont été saisis de nouveau et coincés dans les maçonneries contiguës à l'estacade. Ces précautions ont rendu à l'ouvrage sa rigidité première.

En attendant qu'il puisse être procédé à la reconstruction de la risberme, les parties démolies de la plate-forme ont été remplacées par des enrochements que maintient, vers le large, un muretin en maçonnerie de mortier de ciment de Pouilly, assis sur les débris des bétons de la risberme.

Un projet pour la restauration complète de cet ouvrage a été approuvé en principe par l'administration.

La nouvelle risberme doit être fondée à la cote 20 mètres de l'échelle du port, et être faite en béton de mortier de ciment de Portland, avec revêtement en briques; elle sera plus basse que la risberme actuelle, pour être en rapport avec le niveau du fond du chenal; la fixation des poteaux de ferme sur des pieux, aujourd'hui restreinte à la partie avariée en 1870, sera étendue à toute l'estacade.

La plate-forme sera refaite en maçonnerie de briques posées sur béton. Des muretins transversaux et longitudinaux, établis sous cette plate-forme, devront la soutenir, s'il se produit quelque tassement dans le terrain, et, en tout cas, combattront ces tassements en s'opposant au passage des eaux qui pourraient les produire. Les écoulements, à mer basse, des eaux venant du côté de la terre ayant joué un rôle important dans les avaries qui sont survenues, diverses précautions de détail seront prises pour en faciliter l'évacuation.

Les ouvrages situés du côté Sud du chenal sont les suivants :

1° La jetée Sud en maçonnerie, qui est, avec la digue d'accès située entre les deux brise-lames, le plus ancien des ouvrages existants ;

2° Le musoir, la claire-voie Ouest et la contre-jetée, construits plus récemment et entourant la chambre du brise-lames Ouest ;

3° La claire-voie Sud et le perré formant le brise-lames Sud.

Tous ces ouvrages ont été établis sur le galet ; de l'intérieur du port à l'extrémité de la jetée Sud, ce galet repose, un peu au-dessus du niveau des plus basses mers, sur un terrain d'alluvion formé d'un conglomérat de débris siliceux et calcaires très-durs, mais cependant affouillables.

Ce terrain ne se trouve plus dans la seconde moitié de la claire-voie Ouest et du musoir. Les travaux faits en ce point n'ont rencontré, sous le galet, que des sables verts, et semblent indiquer un banc de roche à $1^m,50$ au-dessous des basses mers.

Une jetée existait sur le côté Sud du chenal au commencement du XVIe siècle ; elle fut enlevée par la mer en 1551. Le manque de ressources empêcha de la rétablir.

Le plan d'amélioration dressé par Vauban comprenait le rétablissement de cet ouvrage ; toutefois, cette partie du projet ne reçut pas une exécution immédiate. Ce n'est qu'en 1769 qu'on établit les fondations de l'ouvrage, qui fut achevé en 1770 sur une longueur de 75 mètres. Cette partie, d'abord terminée, à titre provisoire, vers le large, par un masque en charpente, reçut peu après un musoir définitif, qui porta sa longueur à 80 mètres.

L'ouvrage se composait d'une charpente coffrée de $9^m,60$ de hauteur et $6^m,10$ de largeur moyenne. Les fermes, d'une construction assez compliquée, se composaient de deux montants inclinés, formés chacun de deux cours de pièces greffées et d'un montant vertical au milieu, le tout relié par six traverses horizontales. Le contreventement, assez médiocre, était obtenu par une série de croix de Saint-André fixées aux moises; les fermes étaient espacées de 2ᵐ,50 environ et reliées entre elles par dix cours de longerons et douze cours de moises; le bordé enveloppait les charpentes, dont aucune partie ne faisait saillie à l'extérieur.

Chaque ferme reposait sur sept pieux. Enfin le pied de l'ouvrage était défendu par une risberme en bois.

Une estacade fut établie pour défendre la digue de galet qui assurait les communications avec la jetée et empêcher la mer de se frayer de ce côté un passage dans le port.

Ces charpentes, inférieures comme solidité à celles de la jetée Nord que l'on construisit dans les années suivantes, et qui sont exposées à des causes de destruction plus actives, n'eurent qu'une courte durée. En novembre 1791, le milieu de la jetée fut emporté sur 35 mètres de longueur. On se hâta de relier les deux tronçons restés debout par une jetée basse, destinée à empêcher le galet d'envahir le chenal par la brèche que la mer venait d'ouvrir, et à garantir l'emplacement des fondations du nouvel ouvrage qu'on devait exécuter en maçonnerie.

Les travaux furent commencés en 1792; les circonstances obligèrent de les suspendre à la fin de 1793, après avoir seulement établi les trois premières assises.

En 1810, la mer emporta le musoir et une grande partie du tronçon resté debout vers le chenal; le restant de ce tronçon disparut en 1811, en sorte que, des ouvrages construits sur ce point, il ne restait plus que la jetée basse de garantie, le commencement de fondation exécuté en 1793 et l'estacade défendant la digue d'accès. Cet ouvrage avait lui-même été attaqué, à diverses reprises, par la mer, qui se fraya un instant un passage jusque dans l'avant-port, ce qui fit prolonger la jetée basse vers la terre.

On s'occupa aussitôt d'asseoir les fondations d'un nouveau musoir en prolongement des travaux faits en 1793. A la fin de 1812, on avait prolongé la jetée basse de 12 mètres, et battu la ligne de pieux devant former l'encoffrement de la partie circulaire du musoir, lorsque l'envahissement du galet fit suspendre les travaux.

On ne les reprit qu'en 1816; et ils ne reçurent une certaine impulsion qu'à partir de 1819. Dans cette campagne, on éleva le musoir à sa hauteur définitive; en 1820, on obtint le même résultat au corps de la jetée, qui reçut son couronnement l'année suivante.

Ces travaux présentèrent de grandes difficultés, et, à diverses reprises, la mer causa des avaries considérables, malgré les précautions coûteuses prises pour assurer la conservation des travaux faits[1].

La nouvelle jetée, plus courte que l'ancienne vers l'avant-port, a été réduite à 56 mètres de longueur.

Les fondations de l'ouvrage avaient été assises à la cote $17^m,80$ de l'échelle du port; sa hauteur était de 11 mètres, et son épaisseur moyenne, de $6^m,80$; il avait été établi directement sur le terrain, à l'exception du musoir, fondé sur grillage avec encoffrement de pieux jointifs; ce qui restait de pieux de l'ancienne jetée en bois avait été conservé sous les nouvelles maçonneries.

Celles-ci ont consisté en un massif de moellons protégé par des parements en pierre de Ranville, lesquels ont été reliés par plusieurs assises de pavés ou de libages, destinées à préserver le moellon des avaries, en cours d'exécution. Les pierres des parements durent être fixées par des crampes dans toute l'étendue de l'ouvrage. Les mortiers ont été faits en chaux grasse, généralement additionnée de pouzzolane du pays.

On reconnut promptement la nécessité de protéger le parement contre le frottement du galet par un revêtement en bois, et de défendre le pied de la jetée par une risberme, en mettant à profit les lignes jointives qui restaient des travaux anciens.

[1] Des renseignements sur ces travaux ont été publiés dans les *Annales des ponts et chaussées*, année 1839, 2ᵉ semestre, p. 288.

Dès le mois d'avril 1820, lorsque la jetée était à peine élevée de quelques assises sur une grande partie de sa longueur, on s'aperçut que sa stabilité avait été compromise par des affouillements, qui mettaient la fondation en l'air, sur les deux cinquièmes de sa largeur, dans toute son étendue du côté du chenal, à l'exception du musoir, défendu par son encoffrement de pieux jointifs.

On reprit, en conséquence, l'ouvrage en sous-œuvre, préalablement à la construction des risbermes, en enfonçant sous la jetée des madriers horizontaux pour tasser le terrain, et en bourrant l'affouillement de béton gras fortement comprimé.

Par suite du retour momentané du galet dans le chenal, cet ensemble de travaux complémentaires ne fut achevé qu'en 1825; il a porté le prix de revient du mètre courant de jetée à 10,000 fr. en nombre rond.

Les difficultés rencontrées dans la construction de la jetée se sont présentées également dans le maintien de la digue d'accès.

On dut la défendre du côté du port comme elle l'était du côté du large, et la surmonter d'un pont de service pour assurer les communications avec la jetée, située à un niveau supérieur. Ces ouvrages, souvent tournés ou entamés par la mer, furent, à diverses reprises, prolongés vers la terre ou renforcés. Ces grosses réparations portèrent également sur la jetée basse, que l'on tenait à conserver pour protéger le pied de la jetée contre tout affouillement.

Le parement du musoir, corrodé par le galet, par suite de l'usure de son revêtement en bois, fut refait sur une hauteur de six assises, en 1844.

L'année suivante on s'occupa de reconstruire les risbermes, qui étaient entièrement ruinées.

Cette reconstruction ne fut étendue qu'à une partie de la jetée, par suite de la promulgation de la loi du 16 juillet 1845, qui autorisait l'exécution de nouveaux travaux en ce point.

Par l'exécution de ces travaux, la jetée a été raccourcie de
12 mètres, et son couronnement abaissé de 0^m,90; elle a été sous-
traite aux efforts de la mer et du galet du côté du large; mais,
malgré l'atténuation relative des vagues qui est résultée de la disparition des pouliers et de la construction d'un brise-lames, elle
est encore exposée à de violents coups de mer, surtout dans la
partie Est qui converge vers la jetée Nord, et de graves désordres
se sont produits dans les fondations à deux reprises différentes.

Des avaries peu importantes avaient été reconnues dans la risberme, après les tempêtes de novembre 1859; elles n'avaient toutefois causé aucune inquiétude, lorsque les coups de vent du mois
de janvier suivant provoquèrent des mouvements dans la jetée, qui
s'infléchit légèrement dans le chenal. Quand le calme fut revenu,
on reconnut que la mer, dont l'action était favorisée par les travaux
de dragage qui venaient d'être exécutés dans le chenal, avait enlevé la risberme sur la moitié de sa longueur vers l'intérieur du
port, et laissé le parement de 0^m,80 en l'air, en moyenne; la profondeur de l'affouillement sous la jetée s'étendait par places à la
largeur totale de la base, en sorte que l'ouvrage n'était plus soutenu que par les pieux de l'ancienne jetée de bois, qui, comme il a
été dit plus haut, avaient été conservés lors de la fondation des
maçonneries.

On se hâta de remplir les vides en maçonnerie de moellon, après
avoir fait disparaître les restes du rempiétement fait en 1820.

Comme il était difficile de pousser les bourrages plus loin que
l'axe de la jetée, on essaya de pénétrer sous le parement Sud en
fonçant un puits dans la chambre du brise-lames, mais la mer dé-
joua tous les efforts faits dans ce sens, et il fallut y renoncer.

Comme on s'était contenté d'un simple bourrage du vide existant
sous la jetée, sans descendre aucunement la fondation au-dessous
des affouillements qui s'étaient produits, c'était dans l'abaissement
de la risberme qu'on devait chercher les garanties contre de nouveaux accidents; on la fonda aussi bas que le permit la mer, soit

entre les cotes 18^m,80 et 19^m,40 de l'échelle du port, en l'encastrant dans le conglomérat de silex et de calcaire dont l'existence, de ce côté du chenal, a été signalée plus haut.

Les travaux furent exécutés, dans la campagne de 1860, sur la première moitié de la jetée; on les étendit, en 1861, à la seconde moitié, dans laquelle les mêmes désordres s'étaient produits.

Les maçonneries des travaux en sous-œuvre ont été faites au ciment à prise rapide de Boulogne; les risbermes ont été exécutées en béton de mortier de ciment de Portland; on devait les parementer en silex, mais cette dernière partie du travail ne fut pas exécutée.

Ces travaux n'eurent que des résultats très-précaires.

Dans l'hiver de 1865 à 1866, des symptômes alarmants se manifestèrent de nouveau avec une énergie plus grande qu'en 1860. Les risbermes et le rempiétement récent étaient de nouveau affouillés; la jetée s'était très-sensiblement déformée, les parements étaient lézardés, et les coups de mer avaient enlevé un certain nombre de pierres; les pieux soutenant la fondation étaient inclinés ou rompus; le pavé de la digue d'accès et le perré du brise-lames ne tardèrent pas à être partiellement ruinés par l'écoulement, en dessous de la jetée, du galet qui les soutenait. Comme la première fois, c'était la partie Est qui souffrait le plus.

On s'occupa immédiatement de battre du côté du chenal une ligne de pieux inclinés, reliés par un chapeau, sur lequel vint s'appuyer le parement du large, refait avec un fruit plus prononcé dans sa partie inférieure; on posa en plus trois tirants de 0^m,08 de diamètre, ancrés dans la digue d'accès.

Tout en exécutant ces travaux pour arrêter les mouvements de la jetée, on attaquait la reprise en sous-œuvre des fondations, en suivant les procédés appliqués déjà au musoir, menacé lui-même peu auparavant d'une ruine complète.

On perça quatre puits à travers la jetée : les maçonneries intérieures furent trouvées très-saines. Puis on pratiqua, en faisant les déblais nécessaires pour assurer le passage des hommes et des matériaux, une galerie longitudinale, qui permit de soutenir les fondations, au fur et à mesure de son avancement, par deux murs parallèles à l'axe et continus, à part quelques ouvertures ménagées pour le passage des eaux. Un troisième mur fut ajouté dans la partie centrale, où la jetée s'était rompue et où se faisaient des affouillements très-actifs. Les désordres produits par la mer mirent souvent en l'air une partie de ces murs; mais, la jetée ayant de nombreux points d'appui, on réussit toujours sans difficulté à les rempiéter par des coulées de béton, jusqu'au jour où l'on combla tous les vides, en injectant de grandes quantités de mortier de ciment de Portland par les puits, qui furent ensuite comblés en béton dans leur partie supérieure.

Ces injections, faites avec une charge de plusieurs mètres, donnèrent les résultats les plus satisfaisants.

Les risbermes, après avoir duré juste assez longtemps pour former un abri pendant l'exécution des rempiétements, finirent par être disloquées par la mer et réduites à l'état de blocs épars. Elles furent refaites à nouveau, et des cheminées y furent ménagées pour pratiquer des injections et remplir les vides qui auraient pu subsister jusqu'au dernier moment.

Par suite de ces travaux, la jetée se trouve soutenue par un système de pilotis capable de la porter, en cas de besoin; de plus, la fondation, qui reposait à la cote $17^{m},50$ sur du galet roulant, a été abaissée, du côté du large, à la cote $19^{m},50$, c'est-à-dire un peu au-dessous du niveau du terrain environnant, qui paraît avoir atteint son équilibre.

Les maçonneries autres que les mortiers d'injection et les bétons, qu'on a exécutés au ciment de Portland, ont été faites au mortier de ciment énergique de la maison Lobereau et Meurgey. Ces maçonneries sont, pour la plupart, soustraites au contact direct de l'eau de mer; les seules parties extérieures qui aient été faites ainsi, pour marcher rapidement sans être arrêté par les avaries, pourront être réparées aisément, au fur et à mesure des besoins, le jour où leurs parements s'attaqueraient.

La dépense de ces travaux de consolidation a atteint 4,100 fr. par mètre courant.

D'après le programme de la loi du 16 juillet 1845, la longueur de la jetée du Sud devait être augmentée de 35 mètres.

La nouvelle partie devait avoir en plan une forme concave, pour ne pas augmenter l'évasement fâcheux que présentait l'entrée du port; enfin ce prolongement devait être exécuté, à l'exception du musoir projeté en maçonnerie, dans un système de claire-voie à compartiment destiné à briser les lames.

En exécution, on conserva les premières dispositions, mais on renonça à ce système de claire-voie pour revenir à l'idée, beaucoup plus pratique, d'une chambre revêtue d'un perré incliné environ au dixième, limitée vers le large par une contre-jetée en charpente. L'ancienne jetée fut abaissée de $0^m,90$; de plus on la raccourcit de 12 mètres, pour donner à l'entrée de la chambre du brise-lames une ouverture de 30 mètres.

Le massif proprement dit du musoir a la forme d'un tronc de cône, avec un épaulement rectangulaire pour recevoir la butée de la claire-voie; sa hauteur est de $9^m,25$, son diamètre est de $17^m,65$ à la base, et de $13^m,40$ en couronnement.

Aux termes du projet, il devait avoir plus de hauteur et être fondé à la cote $18^m,10$ de l'échelle du port, sur une plate-forme soutenue par des pilotis; il devait, en outre, être défendu par une double ligne de pieux jointifs, entre lesquels aurait été coulé du béton descendu aussi bas que possible par le dragage, de manière à former une risberme tout autour de l'ouvrage.

Dès les premiers temps de l'exécution, on remarqua que les pouliers de galet, n'étant plus entretenus momentanément par les chasses, s'abaissaient sensiblement au-dessous du niveau de la plate-forme projetée; d'autre part, quelques indications recueillies dans les dragages firent penser qu'on pourrait rencontrer un plan de roche de 0^m,5o à 0^m,8o au-dessous des plus basses mers; on résolut, en conséquence, d'essayer d'atteindre ce niveau et de supprimer les pilotis, pour établir l'ouvrage sur un massif général en béton, fondé, au moins vers les bords, vers la cote 20 mètres ou 20^m,3o. On utilisa les pieux d'établissement déjà battus pour former des cases destinées à faciliter le coulage du béton.

On avait supprimé du même coup la ligne de pieux jointifs qui devait former la face intérieure de la risberme, mais les ravages causés par la mer dans la fondation nouvelle obligèrent à la rétablir sur la moitié du pourtour.

En avant de la risberme en béton, on jeta des enrochements maintenus par des pieux battus en quinconce.

La fondation fut arasée de manière à recevoir la première assise du massif de l'ouvrage à la cote 16^m,85.

Ce massif est formé de béton parementé en pierre de Ranville et encadré intérieurement par des assises horizontales et des cloisons verticales en maçonnerie de silex.

Les mortiers des bétons ont été faits avec de la chaux de la Hève et de la pouzzolane provenant des vases de la retenue. Les maçonneries de silex et de pierres de taille ont été faites au mortier de ciment de Vassy; ces dernières ont été, en général, crampées.

La contre-jetée a été faite en charpente coffrée.

La partie voisine du musoir avait son couronnement à 1^m,15 au-dessus des plus hautes mers; sa hauteur était de 8^m,3o, et son épaisseur moyenne de 6^m,1o; elle était défendue par une risberme en charpente, limitée vers le large par une ligne de pieux jointifs.

Les fermes étaient espacées de 2^m,5o d'axe en axe; chacune se composait de deux montants inclinés au quart, reliés par cinq paires de moises et des croix de Saint-André. Elles reposaient sur quatre pieux; le bordé était vertical et fixé sur les onze longerons qui reliaient les fermes entre elles.

Ce profil se relevait et se modifiait aux abords de la plage, tout en conservant les mêmes dispositions d'ensemble.

Les fermes de la claire-voie, s'élevant au niveau de la jetée et du musoir, avaient une hauteur de 9ᵐ,40; elles étaient espacées de 2ᵐ,50, et se composaient d'un montant incliné au quart du côté du large, et d'un montant vertical soutenant la partie intérieure du tillac, le tout appuyé par quatre contre-fiches et relié par cinq paires de moises avec onze cours de longerons.

Chacune d'elles reposait sur quatre pieux; du côté du chenal, cet ouvrage était défendu par une risberme.

Les charpentes de la contre-jetée et de la claire-voie ont été exécutées en bois de 0ᵐ,25 à 0ᵐ,30 d'équarrissage. On a eu recours, suivant la fatigue des pièces, au chêne du pays ou du Nord, au hêtre et au sapin.

La digue d'accès à la jetée fut restaurée pour fermer le côté Est de la chambre et du brise-lames.

Quant au plan incliné, formant, à proprement parler, le brise-lames, il fut revêtu de libages fortement coincés et posés dans des cases limitées par des pieux bordés. Les travaux touchaient à peine à leur fin que des avaries graves survinrent.

En 1853, le coffrage de la contre-jetée fut défoncé sur 23 mètres de longueur; on le rétablit, en se décidant à remplacer le galet qui avait servi à le remplir par du bloc soigneusement appareillé en parement et coincé contre les charpentes; puis finalement toute la partie voisine du musoir fut vidée jusqu'au niveau des hautes mers de morte eau, et on ne conserva qu'un bordage sur deux, de manière que cette partie de l'ouvrage se trouva à claire-voie, les vides égaux aux pleins; en même temps, on renforça la risberme en battant une seconde ligne de pieux bordés, en avant de la ligne jointive qui existait déjà, et en garnissant le tout d'un blocage recouvert d'un bordé.

En 1856, la risberme du musoir dut être réparée et recevoir de nouveaux enrochements.

L'année suivante, la claire-voie, dans laquelle on avait employé par économie des bois de sapin et de hêtre, était complétement ruinée dans sa partie inférieure, par suite des ravages des vers et sous l'action de la mer; on la répara en recourant au hêtre injecté.

En même temps, la risberme refaite en 1853 avait tellement souffert, que l'on se vit obligé de remplacer partiellement le coffrage rempli de moellons par de la maçonnerie de mortier de ciment à prise rapide. En 1858, cette réparation fut étendue, par suite de nouvelles avaries; des enrochements furent jetés devant la risberme; on fit également des maçonneries dans la face du côté du large et sur 2^m,5o d'épaisseur moyenne, dans ce qui avait été conservé de coffrage au-dessous des hautes mers de morte eau.

En 1859 et 1860, le perré, qui ne fut du reste jamais maintenu d'une manière satisfaisante, fut emporté en grande partie, et reconstruit dans le même système de libages serrés par des coins en bois et encadrés dans des cases en pieux bordés; toutefois, on eut recours à des pierres de meilleure qualité, et on réduisit l'étendue des cases dans les parties les plus exposées.

A la même époque, et tandis qu'on réparait la jetée du Sud, qui menaçait ruine, des réparations durent être faites à la contre-jetée et à la claire-voie; il fut nécessaire de réparer la risberme du musoir, dont les fondations commençaient à souffrir sérieusement.

En 1862, la situation s'aggrava encore; les risbermes en maçonnerie de la contre-jetée étaient affouillées, et le coffrage se vidait librement; la mer avait pénétré sous le massif du musoir, dont les parements étaient partiellement en l'air; enfin la digue d'accès à la jetée Sud menaçait ruine.

On se préoccupa immédiatement de reconstruire cette digue, pour empêcher la mer de se frayer un passage d'un brise-lames dans l'autre, et de refaire entièrement à neuf les risbermes du musoir et de la contre-jetée, ainsi que celles d'une partie de la claire-voie.

Des propositions furent présentées en même temps pour la reconstruction d'une partie des ouvrages, opération qui ne pouvait plus être différée.

Tant d'efforts ne purent empêcher une catastrophe : une première série de gros temps survenus en octobre 1862 avait enlevé une nouvelle partie de risberme, éventré la contre-jetée et la digue d'accès, et démoli une partie des perrés, lorsque le coup de vent du 22 décembre de la même année enleva la contre-jetée et la claire-voie.

L'enracinement de la contre-jetée dans la plage était resté debout; on en borda l'extrémité pour arrêter les avaries, on commença le battage d'une ligne de pieux pour défendre le pied du perré, et surtout on se hâta d'élever à l'emplacement de la claire-voie, entre la jetée et le musoir, un mur destiné à empêcher l'envahissement du chenal par le galet, qui franchissait en grandes masses l'emplacement de la contre-jetée. Sur ce mur, on établit une passerelle pour assurer le service du halage.

La tempête du 23 janvier suivant compléta la ruine du perré, entama la digue d'accès, menaçant de la couper, et enleva quelques fermes de plus de la contre-jetée.

Le décret du 28 janvier 1863 autorisa le rétablissement des ouvrages détruits par la mer; on commença les travaux dès que le temps le permit.

Des ouvrages exécutés en prolongement de l'ancienne jetée, le musoir seul avait résisté; mais son état était loin d'être satisfaisant. On avait bien pu remplir en maçonnerie une grande partie des vides que la mer avait creusés sous le massif dans les bétons de fondation; mais les corrosions augmentaient rapidement, et l'on ne pouvait pas les atteindre partout; d'autre part, la reconstruction de la risberme avait rencontré les plus grandes difficultés; on devait fonder la risberme en battant en avant de l'ouvrage une nouvelle ligne de pieux jointifs, derrière lesquels on devait couler du béton, descendu à la cote 21^m,80 à la faveur de dragages. La dureté du terrain et la destruction incessante du matériel, en même temps que la difficulté de couler le béton dans un point sans abri, par suite de la disparition successive des pouliers, firent modifier la marche suivie. On se décida à battre simplement des pieux espacés

de 1 mètre et à poser derrière des blocs de béton, préparés dans
l'intérieur du port et amenés sur place par des chalands. On comp-
tait que ces blocs pourraient descendre guidés par les pieux, au
fur et à mesure que les affouillements se produiraient, et protéger
ainsi la fondation du musoir. Trois de ces blocs seulement purent
être assis assez bas et d'une manière satisfaisante; d'ailleurs, tout ce
qui fut posé fut bouleversé par la mer.

On atteignit ainsi la fin de l'année 1865 sans avoir pu, malgré
les plus grands efforts, obtenir aucun résultat satisfaisant. On n'a-
vait pu établir que les maçonneries supérieures des risbermes sans
qu'elles fussent défendues contre les affouillements; la mer péné-
trait librement dans la fondation, et creusait dans les bétons de
nouvelles chambres en arrière de celles qu'on avait remplies en
maçonnerie; enfin les parements se lézardaient de tous côtés.

Renonçant à la poursuite de travaux dont on n'osait plus attendre
aucun résultat, on attaqua le mal plus directement et en se mettant, relativement, à l'abri de la mer, en pénétrant dans la fondation à l'aide de quatre puits percés à travers le massif du musoir.

Le premier de ces puits, percé à la fin de 1865, permit de
constater combien était grave l'état du musoir; on reconnut que les
bétons étaient totalement décomposés au-dessous du niveau des
hautes mers de morte eau; ils étaient encore maintenus dans le
massif par les parements et les assises en maçonnerie de silex;
mais, dans la fondation proprement dite, la mer les avait corrodés
sur une grande échelle; la partie N. O. était complétement en l'air
jusqu'au centre et sur un développement de plus de 20 mètres. Le
musoir n'était plus soutenu, dans cette partie, que par la ligne jointive sous le parement et les anciens pieux d'établissement; la mer,
déferlant à travers les brèches des pieux jointifs, commençait déjà
à se frayer des passages dans le reste de la fondation.

Quelques piliers furent établis d'urgence pour supporter le ciel
de ce vaste affouillement; on les fonda tant bien que mal, soit sur
des sacs de béton, soit sur de gros libages, arrimés aussi bien que le

permettait l'état de la mer, entre lesquels on versait des gâches de mortier à prise rapide.

Quelques-uns de ces piliers s'affaissèrent accidentellement par les affouillements; mais il fut toujours possible de s'y appuyer de nouveau. Après avoir ainsi paré au plus pressant, on s'occupa de relier ces piliers entre eux, de manière à former vers le large une ceinture continue, que l'on étendit sous tout le pourtour du musoir, à l'aide des autres puits, au fur et à mesure que disparaissaient les bétons de fondation.

On arriva ainsi assez promptement à refaire toute la partie extérieure de cette fondation, sur une largeur d'environ 5 mètres, en ne ménageant que quelques passages pour la circulation de l'eau et les galeries nécessaires pour faire le service. En même temps, on avait posé un fort tirant reliant le musoir à la contre-jetée, dont on poursuivait la reconstruction, et encastré dans le parement des pièces de bois verticales embrassées par deux ceintures en fer, de manière à en rendre toutes les parties solidaires.

Comme les parties de risberme refaites peu auparavant avaient été ruinées par la mer, les nouvelles maçonneries, sans aucun abri, furent affouillées à diverses reprises sur de grandes étendues. Le musoir restant toujours soutenu sur un nombre de points suffisants, ces affouillements n'en compromirent pas la solidité; on les combla avec du béton coulé dans de grosses toiles, ce qui permit d'abaisser d'autant la fondation et d'asseoir l'ouvrage sensiblement plus bas qu'auparavant.

On soutint ainsi le musoir jusqu'au jour où, jugeant être maître de la situation, on combla tous les vides par des injections de mortier de ciment de Portland, faites sous une forte charge à la faveur des puits; puis on entoura l'ouvrage d'enrochements naturels recouverts de maçonneries, en se restreignant, du côté du chenal, dans les limites convenables pour ne pas créer de dangers à la navigation. Cette risberme faite fut injectée à son tour dans les parties touchant au musoir, pour boucher les vides qui auraient pu subsister.

Pour marcher rapidement, on dut recourir sur une large échelle aux ciments à prise rapide de Boulogne, de la maison Lobereau et Meurgey. Les seules parties exposées au contact direct de l'eau de mer sont les maçonneries qui recouvrent les enrochements naturels, lesquelles pourront toujours être réparées en temps utile.

La dépense de ces derniers travaux de consolidation, rapportée au périmètre du parement de la fondation, s'est élevée à 4,400 fr. par mètre courant.

Les travaux ont été plus considérables qu'à la jetée Sud, mais ils ont présenté moins de sujétion.

La contre-jetée a été refaite en maçonnerie; on en a exécuté d'urgence le noyau à la suite de l'accident du 22 décembre 1862, pour avoir des garanties complètes contre l'invasion du chenal par le galet.

Le couronnement est au niveau de celui du musoir; la hauteur totale, dans le voisinage de cet ouvrage, est de 11 mètres, et l'épaisseur moyenne, de $5^m,70$; le massif de l'ouvrage est formé d'une maçonnerie de blocage, parementée en briques du côté du brise-lames et en silex avec boutisses en granit du côté du large, où il est exposé aux frottements de galet. Il a été fondé sur une couche de béton de $1^m,60$ d'épaisseur.

Toutes ces maçonneries ont été exécutées en mortier de ciment de Portland.

Le pied de l'ouvrage est défendu par une risberme qui présente des dispositions analogues à celle du musoir.

On a profité de cette reconstruction pour augmenter la surface de la chambre du brise-lames, en reportant plus au Sud l'enracinement de la contre-jetée.

De graves désordres se sont produits pendant l'exécution dans les fondations de cet ouvrage.

La risberme devait être primitivement formée d'un massif en béton, qu'on aurait protégé contre les affouillements en coulant des blocs artificiels guidés par des pieux. Ce profil ne put pas être

5.

réalisé, et, lorsque le massif commença à s'élever, la mer se fraya un passage sous les risbermes, en disloquant le béton de la fondation et mettant en l'air la contre-jetée, qui s'affaissa en se rompant. Grâce à l'excellente qualité des mortiers et à l'appui que procuraient les pieux de l'ancienne contre-jetée en charpente, on eut le temps de faire les réparations nécessaires.

On pénétra sous la contre-jetée, du côté du brise-lames, pour exécuter une série de murs transversaux en déblayant au fur et à mesure des besoins.

A diverses reprises, ces murs s'affaissèrent par suite des affouillements; ces accidents, purement locaux, furent réparés sans que la contre-jetée souffrît de nouveau.

Après avoir soutenu la contre-jetée ainsi, on la défendit du côté du large par des enrochements, puis on remplit en blocs secs l'intervalle entre les murs, afin de pouvoir, en cas de besoin, redescendre facilement sous l'ouvrage.

Ce mode de rempiétement a été étendu à une longueur de 5o mètres à partir du musoir. Les murs de rempiétement ont été faits au mortier de ciment à prise rapide.

Depuis, les tempêtes ayant bouleversé les blocs artificiels d'enrochement à la hauteur du niveau moyen de la mer, le remplissage en blocs secs a été plusieurs fois affouillé, sur quelques mètres de longueur; mais là se sont bornées les avaries, qu'on évitera en rechargeant les enrochements.

Le prix de revient de la contre-jetée n'a pas atteint 4,ooo francs. y compris les travaux de consolidation qui viennent d'être décrits.

La claire-voie devait d'abord être refaite en maçonnerie et se composer de quatre voûtes surbaissées de 5^m,1o d'ouverture; à cet effet, avant de construire le mur de barrage destiné, au premier moment, à arrêter l'invasion du galet dans le chenal, on avait établi en arrière de la risberme un radier général en béton, ayant 1^m,5o d'épaisseur au droit des piles.

Lorsque la contre-jetée fut suffisamment avancée pour qu'on

établît la claire-voie, on ne put utiliser les fondations déjà faites, que la mer avait en partie disloquées.

On reconnut la nécessité de descendre la fondation des piles jusqu'au terrain solide, qu'on devait rencontrer à 1 mètre ou à $1^m,50$ au-dessous des plus basses mers; on eut recours à des caisses métalliques, qu'on fit enfoncer dans le terrain, en déblayant l'intérieur au scaphandre. Grâce à l'abri que procuraient les maçonneries environnantes, on parvint à faire descendre une partie des caisses sans avaries graves; mais, avant que toutes fussent arrivées au niveau voulu, le mur de barrage fut rompu par la mer et mit le plus grand désordre dans le chantier.

Par suite de cet accident, on se contenta d'élever la pile du milieu et de la réunir à la jetée Sud et au musoir par deux passerelles en charpente, formées de pièces jumelées et fortement contreventées; les poteaux de remplage, appuyés sur ces passerelles, reposent en bas sur la crête de la risberme, et sont soutenus, à mi-hauteur, contre les chocs par une ferme horizontale en charpente.

Cette dernière ferme, construite dans le système américain, souffre beaucoup des ébranlements causés par la mer, et a dû être soulagée par trois potilles fortement encastrées dans le perré.

Quant aux caisses qui n'avaient pas été amenées à profondeur, on les a remplies de béton et reliées par des voûtes; puis des enrochements naturels ont été jetés entre ces caisses, de manière à avoir un appui très-solide pour la base du perré.

Le perré, qui forme le revêtement de la chambre du brise-lames, monte de la cote $16^m,85$ à la cote 10 mètres; son inclinaison est de $0^m,11$ par mètre; il est exécuté en maçonnerie de moellon posée sur un lit de béton formant une épaisseur totale de $0^m,55$. Des muretins transversaux ont été établis sous ce revêtement pour s'opposer au soutirage du galet, et soutenir au besoin le perré en cas d'affaissement de ce galet. Deux lignes de pieux jointifs, l'une de l'extrémité Sud à la contre-jetée, l'autre parallèle à la contre-jetée, ont été battues pour défendre la partie principale de la chambre, dans le cas où la base serait attaquée au-dessous de la contre-jetée ou du côté de la claire-voie.

Les parties de perré voisines de la contre-jetée et de la jetée Sud ont beaucoup souffert au moment où ces ouvrages étaient affouillés, et ont dû être refaites depuis.

Dans la partie centrale de la chambre, le choc des vagues a causé diverses dislocations; on y a remédié efficacement en rétablissant l'ouvrage avec des mortiers très-gras.

La digue d'accès à la jetée était anciennement arasée au niveau des plus hautes mers et surmontée d'un pont de service placé à la hauteur de la jetée; on a relevé le couronnement au niveau du tablier du pont, qui a dès lors été supprimé; cette digue est maintenue par des revêtements inclinés à 1 mètre de base pour 1 mètre de hauteur, et recouverte d'un pavage à bain de mortier posé sur béton.

La conservation des pouliers situés sur le côté Sud du chenal en dedans des jetées, ayant de l'intérêt pour le maintien du calme dans l'avant-port, a été anciennement l'objet de quelques travaux; un épi en charpente, de 53 mètres de longueur, a été établi à l'extrémité Est des pouliers, pour en maintenir la saillie; quelques épis moins importants ont été construits entre cet ouvrage et la jetée Sud.

Des propositions ont été faites à diverses reprises, et notamment en 1820, pour établir de ce côté du chenal une estacade à claire-voie pour le halage des navires; mais ce travail n'a été définitivement entrepris qu'après la promulgation de la loi du 16 juillet 1845, dans le programme de laquelle il figurait.

L'estacade a une longueur totale de 183 mètres : elle s'appuie vers l'Ouest à la jetée Sud, et est reliée à la terre, à son extrémité Est, par un pont de service de 33 mètres de longueur; son tillac présente une légère inclinaison; la hauteur des fermes, qui est de 9^m,40 aux abords de la jetée, se réduit à 8 mètres du côté de l'avant-port.

Chacune des fermes repose sur quatre pieux, et est composée d'un montant ayant un fruit d'un quart, appuyé par trois contre-fiches auxquelles il est relié par quatre paires de moises.

Une potille verticale, s'appuyant sur la plus grande contre-fiche, soutient le longeron intérieur du tillac.

Les fermes sont espacées de $2^m,50$ d'axe en axe dans les 45 premiers mètres; l'espacement est ensuite de 3 mètres; les poteaux de remplage sont au nombre de deux entre chaque ferme, sauf vers l'extrémité Est, où il n'en a été mis qu'un seul. Les bois ont de $0^m,25$ à $0^m,30$ d'équarrissage; les charpentes ont été exécutées en chêne du Nord et en sapin.

Le dallage situé au-dessous des charpentes et la surface de la risberme qui en défend le pied sont la continuation de la surface du perré incliné qui revêt la chambre du brise-lames, en arrière de la claire-voie.

La risberme s'appuie vers le chenal à une ligne de pieux jointifs; on a en outre défendu le brise-lames par deux lignes de pieux bordés, correspondant aux pieux extrêmes de chaque ferme.

Aux termes du projet primitif, la claire-voie devait être continuée par une estacade pleine, formant un quai circulaire se retournant vers les chantiers de construction; mais lorsqu'on vint à border les charpentes, on s'aperçut que le ressac devenait très-violent dans l'avant-port; on renonça à avoir aucune partie pleine, et l'on termina l'ouvrage suivant les formes qu'il présente aujourd'hui.

La chambre du brise-lames n'étant plus fermée de ce côté, son perré fut prolongé jusqu'à l'épi en charpente, qui fut reconstruit et contre lequel on l'appuya.

On devait, dans l'origine, établir quelques épis transversaux pour mieux briser la mer; mais on n'en a pas reconnu la nécessité dans l'exécution des travaux.

Le pied de ce perré au droit des poteaux extérieurs de la claire-voie est à la cote 17 mètres de l'échelle du port, et sa crête à la cote 10 mètres; le terre-plein présente un talus incliné à 45 degrés.

Le perré a été construit en libages coincés, et posés dans des cases limitées par des lignes de pieux bordés.

La partie des ouvrages qui avoisine la jetée souffre beaucoup des violents coups de mer que provoque l'étranglement du chenal en ce point.

En 1866, l'estacade éprouvant des mouvements très-alarmants, on a saisi le pied des treize premières fermes dans des massifs de maçonnerie, après avoir refait le dallage dans la partie correspondante, et on a réparé les charpentes.

L'administration a approuvé depuis un projet comprenant la reconstruction des 45 premiers mètres et la restauration du reste de la claire-voie.

Dans ces dernières années, on a substitué aux coins en bois qui servaient à retenir les pierres du perré des rejointements profonds en mortier de ciment de Portland. Dans les parties récemment reconstruites à la suite d'avaries graves, les libages ont été posés à bain de mortier, et les cases délimitées par des muretins en maçonnerie, qui ont remplacé les lignes de pieux bordés.

Au nombre des travaux autorisés par le décret du 4 mai 1867, figure la fermeture de la chambre du brise-lames par un mur circulaire formant retour vers les chantiers de construction.

La claire-voie actuelle sera prolongée sur 25 mètres de longueur; le mur aura un développement total de 85 mètres; son musoir aura un rayon moyen de 15 mètres et sera à 130 mètres du grand quai; dans toute la partie faisant face au chenal, le mur sera fondé à la cote 19^m,50 de l'échelle du port, et aura une hauteur totale de 10^m,50.

La chambre du brise-lames sera approfondie dans sa partie Est.

Ces dispositions rappellent celles qui avaient été prévues au projet de construction de la claire-voie, et qui furent ensuite abandonnées; mais elles en diffèrent par ce point essentiel, que les parties pleines ne doivent prendre naissance qu'en dedans de l'épi au Nord du chenal.

La disposition actuelle des jetées permet aux mouvements du port de se faire dans d'excellentes conditions.

Le prolongement de la jetée Sud a eu pour résultat de faire disparaître les pouliers qui obstruaient anciennement l'entrée du port : au lieu d'avancer pour doubler les nouveaux ouvrages, comme cela s'est produit dans les ports voisins, la laisse des basses mers, sous l'influence de circonstances locales toutes spéciales, a eu plutôt une tendance à reculer.

Depuis que la contre-jetée a été refaite avec une plus grande hauteur, et que son enracinement a été reporté davantage vers le Sud, le brise-lames Ouest fonctionne de la manière la plus satisfaisante; les lames s'atténuent sensiblement avant d'arriver à la jetée Sud; après s'être reformées par suite de l'étranglement du chenal, elles se précipitent à travers la claire-voie Sud, dont les douze ou quinze premières fermes sont seules exposées à des chocs d'une grande violence.

De l'autre côté du chenal, les vagues qui pénètrent à travers la claire-voie Nord suivent le mur de quai en s'épanouissant, puis, après avoir atteint l'éperon, le longent pour couper le chenal à angle droit, traversent la claire-voie et vont déferler dans le brise-lames Sud.

C'est pour cette raison qu'un ressac violent apparut dans l'avant-port, lorsqu'on voulut border cette claire-voie sans reculer suffisamment vers l'intérieur.

Ce qui se transmet d'agitation dans l'avant-port achève de se calmer sur les grèves des chantiers de construction, en sorte que les portes de l'écluse Bérigny peuvent être manœuvrées même pendant les tempêtes.

La dépense correspondante aux travaux qui viennent d'être décrits peut être évaluée à la somme de 5,992,000 francs; le tableau suivant en donne le détail.

DATES DES LOIS ET DÉCISIONS.	INDICATION DES TRAVAUX.	CÔTÉ NORD.	CÔTÉ SUD.
	Travaux antérieurs à 1792 (jetée Sud), évalués.	"	400,000ᶠ 00ᶜ
	Travaux antérieurs à 1818 (jetée Nord), évalués.	500,000ᶠ 00ᶜ	"
	Travaux antérieurs à 1818 (mur à la suite), évalués.	300,000 00	"
29 mars 1792	Travaux pour la reconstruction de la jetée Sud en maçonnerie, environ...	"	120,000 00
Août 1811	Continuation des travaux de reconstruction de la jetée Sud, environ.	"	200,000 00
1812	Réparation de la jetée Nord (dépenses postérieures au 31 décembre 1818).	50,108 80	"
10 juillet 1816	Continuation des travaux de reconstruction de la jetée Sud.	"	92,000 00
7 juin 1819	Achèvement de la jetée Sud.	"	136,937 76
19 juin 1820	Rempiétement de la jetée Sud et construction d'une risberme.	"	13,000 00
1820	Reconstruction en maçonnerie d'une partie de la jetée Nord.	102,495 57	"
1820	Travaux défensifs et prolongement de la digue d'accès à la jetée Sud.	"	27,000 00
1822	Réparation des assises inférieures de la jetée Sud.	"	4,800 00
1823	Réparation des charpentes de la jetée Nord.	15,000 00	"
1823	Continuation de la reconstruction en maçonnerie de la jetée Nord.	123,586 68	"
1825	Liquidation de l'entreprise Delamare (jetée Sud).	"	6,596 62
9 février 1825	Réparation d'avaries.	"	2,917 79
25 novembre 1827	Réparations aux deux jetées.	2,091 91	9,833 56
1828	Réparation à la jetée Nord.	2,000 00	"
1829	Achèvement de la risberme de la jetée Sud.	"	8,500 00
29 janvier 1829	Réparations à la digue d'accès.	"	1,348 11
20 décembre 1830	Réparation de la risberme de l'épi.	4,500 00	"
1831	Travaux de prolongement et de défense à la digue d'accès.	"	10,190 67
20 décembre 1831	Réparations à la risberme de l'épi.	4,500 00	"
Décembre 1831	Réparation du revêtement de la jetée Sud.	"	10,300 00
1832	Réparation d'avaries.	"	5,000 00
15 avril 1833	Réparations d'avaries à la jetée Nord.	5,000 00	"
20 décembre 1834	Construction d'un musoir en maçonnerie à la tête de la jetée Nord.	47,688 83	"
1836	Risberme devant une brèche de la jetée Nord.	5,000 00	"
6 juillet 1836	Continuation de la reconstruction en maçonnerie de la jetée Nord.	177,617 03	"
	A reporter.	1,339,588 82	1,048,424 51

DATES DES LOIS ET DÉCISIONS.	INDICATION DES TRAVAUX.	CÔTÉ NORD.	CÔTÉ SUD.
	Report..............	1,339,588ᶠ 82ᶜ	1,048,424ᶠ 51ᶜ
8 février 1838..........	Construction de la claire-voie Nord...	304,820 92	"
6 novembre 1839........	Grosses réparations...............	3,920 00	11,960 00
1840.................	Construction d'une risberme au pied de la claire-voie Nord..............	80,899 80	"
24 juin 1842..........	Achèvement de la reconstruction en maçonnerie de la jetée Nord.......	75,419 31	"
30 janvier 1844........	Reconstruction de la risberme de la jetée Sud.....................	"	17,742 99
26 décembre 1844......	Réparation d'avaries..............	"	6,452 56
Loi du 15 juillet 1845 et décision du 19 mai 1846.	Amélioration de l'entrée, comprenant, au Sud, la construction du musoir, de la contre-jetée y attenante et de la claire-voie....................	"	1,198,548 84
1848.................	Réparation de la risberme de la jetée Sud.....................	"	2,209 07
29 novembre 1853.......	Réparation d'avaries à la contre-jetée.	"	27,000 00
Loi du 15 juillet 1845 et décision du 31 août 1857.	Achèvement des travaux d'amélioration de l'entrée....................	"	201,980 00
1856.................	Réparation d'avaries..............	"	1,581 94
1857.................	Réparation des claires-voies Nord et Ouest........................	14,000 00	11,300 00
6 avril 1858...........	Rempiétement de la contre-jetée et réparation de sa risberme..........	"	16,204 66
23 juin 1858...........	Reconstruction de l'épi de l'avant-port.	"	11,148 12
22 février 1859.........	Réparation d'avaries au brise-lames Ouest........................	"	4,000 00
1ᵉʳ juin 1860...........	Réparation d'avaries aux ouvrages de l'entrée......................	3,500 00	146,500 00
Décret du 28 janvier 1863 et décis. du 15 nov. 1861.	Reconstruction de la digue d'accès....	"	17,000 00
Décret du 28 janvier 1863 et décis. du 22 nov. 1861.	Reconstruction de la risberme de la jetée Nord.......................	9,278 93	"
Décret du 28 janvier 1863 et décis. du 30 janv. 1862.	Rempiétements et reconstruction des risbermes au musoir Sud et à la contre-jetée.....................	"	178,662 91
Décret du 28 janvier 1863 et décis. du 13 janv. 1863.	Restauration des ouvrages de l'entrée.	"	60,897 50
Décret du 28 janvier 1863 et décis. du 10 mai 1864.	Reconstruction de la contre-jetée, de la claire-voie et du brise-lames Ouest.	"	786,027 44
Décret du 28 janvier 1863 et décis. du 15 janv. 1866.	Consolidation du musoir de la jetée du Sud.....................	"	197,000 00
Décret du 28 janvier 1863 et décis. du 4 sept. 1866.	Consolidation de la jetée du Sud.....	"	184,000 00
8 janvier 1871..........	Réparation d'avaries à l'estacade Nord.	12,000 00	"
Décret du 28 janvier 1863 et décis. du 23 août 1870.	Restauration de l'estacade Sud (dépenses au 31 décembre 1872)....	"	20,035 54
	TOTAUX PARTIELS.....	1,843,427 78	4,148,676 08
	TOTAL GÉNÉRAL des dépenses au 31 décembre 1872.	5,992,103ᶠ 86ᶜ	

Les travaux approuvés par l'administration et qui restent à exécuter comprennent :

1° La restauration de l'estacade Sud, approuvée par décision du 23 août 1870; ce travail doit être imputé sur la dotation du décret du 28 janvier 1863; il a été dépensé 20,035 fr. 54 cent. et il reste encore à dépenser...................... 116,000 fr.

2° L'achèvement du brise-lames Sud, à imputer sur la dotation du décret du 4 mai 1867; le projet, approuvé par décision du 23 août 1870, s'élève à.. 355,000

3° La construction d'une risberme au pied de la jetée du Nord, évaluée....................... 41,000

4° La reconstruction de la risberme de la claire-voie Nord et la réparation de ses charpentes, évaluées 225,000

Ces deux derniers projets ont été approuvés en principe par décision du 7 mai 1872.

Ce qui porte à......................... 737,000 fr.
le total des dépenses qui restent à faire, aux termes des prévisions, pour mettre en bon état tous les ouvrages de l'entrée.

Le programme de la loi du 16 juillet 1845 prévoyait la construction, sur la plage Ouest, de trois épis de 80 mètres de longueur. échelonnés, à partir de la jetée Sud, à 150 mètres de distance.

Ces épis devaient avoir moins pour but de défendre la plage que de régulariser la marche du galet, afin de l'empêcher de doubler le musoir, sauf à en enlever annuellement à bras des quantités suffisantes entre les épis.

Ces travaux n'ont pas été nécessaires : comme il a été dit plus haut, les mouvements du galet restent enfermés dans des limites relativement restreintes, par suite de circonstances locales, et, grâce aux enlèvements faits pour le lestage, la laisse des basses mers a plutôt reculé qu'avancé depuis le prolongement des ouvrages au Sud de l'entrée.

On s'est borné, en 1857, à défendre la partie de la plage qui correspond aux chantiers de construction par un revêtement perreyé de 192 mètres de longueur, et par un épi de 20 mètres, situé près de l'extrémité Sud du perré.

Une partie de ce travail a été incorporée dans la chambre du brise-lames Ouest, par suite de l'extension qu'on lui a donnée en le reconstruisant.

L'épi est formé de pieux en chêne espacés de 1 mètre et consolidés par une contre-fiche; le bordé a 1^m,50 de hauteur.

Le revêtement perreyé a une hauteur de 2 mètres et une inclinaison de 1 mètre de base pour 1 mètre de hauteur; son couronnement est, en moyenne, à 3 mètres au-dessus des plus hautes mers.

Il est formé de moellons smillés posés à sec, et défendu à son pied par une ligne de pieux bordés.

Ce revêtement est presque constamment enfoui sous le galet, sauf la partie voisine de la contre-jetée, qui, ayant été enlevée en 1867, a été refaite à bain de mortier sur 30 mètres de longueur, et couronnée d'un parapet, en arrière duquel règne un pavage en grès de Saint-Valery avec joints de mortier.

Les travaux faits en 1857 ont coûté 31,088 fr. 37 cent., soit 140 francs par mètre d'estacade.

Les dépenses de la batterie Royale étant en saillie sur l'alignement du chemin établi le long de la plage entre cette batterie et les bains, une décision du 3 juin 1869 a autorisé des rescindements qui ont entraîné une dépense de 4,300 francs, imputée sur la dotation du décret du 4 mai 1867.

Le quai des Pilotes, qui limite l'avant-port au Nord de l'écluse de chasse, a été exécuté au xviiie siècle, sauf l'extrémité Ouest, où, pendant fort longtemps, on a conservé dans le voisinage de l'épi une ancienne estacade en retraite sur l'alignement général du quai, et qui servait à l'accostage des embarcations, notamment des canaux des pilotes.

La partie ancienne du quai a une hauteur de 7 mètres, et est fondée à la cote 16^m,30 de l'échelle du port; la fondation dans le pan coupé voisin de l'écluse repose sur grillage et pilotis, et a été défendue par une ligne de pieux jointifs; le restant des murs a été directement posé sur le terrain naturel, avec la même défense de pieux jointifs.

En 1814, le pan coupé contigu à l'écluse de chasse a été repris en sous-œuvre; après avoir rétabli le grillage, on l'a soutenu par des pieux enfoncés horizontalement dans le terrain, et s'appuyant tant sur la ligne jointive restaurée que sur les anciens pieux de fondation greffés à leur tête.

Le vide, qui atteignait jusqu'à 3^m,50 de hauteur, a été rempli de même en moellons derrière la ligne jointive, et des enrochements ont été jetés devant le mur pour en préserver le pied contre de nouveaux affouillements.

En 1817, l'autre extrémité du mur contiguë à l'estacade des Pilotes s'est trouvée affouillée; les mouvements considérables éprouvés par le quai ont fait suspendre les travaux de rempiétements, après un commencement d'exécution; on a étayé le mur, qui n'a été reconstruit qu'en 1820.

Cette reconstruction a porté sur une longueur de 19^m,50; le nouveau mur a été fondé à la cote 17^m,10, sur un grillage sur pilotis, avec pieux jointifs du côté du large; il est formé d'un massif de moellon parementé en pierre de Ranville; sa hauteur est de 7^m,80, et son épaisseur moyenne, de 2^m,90. Il a coûté 2,450 francs par mètre courant.

Les estacades formant la face Est de l'épi et le fond de la cale de débarquement des pilotes ont été remplacées par des murs en maçonnerie, en plusieurs fois, de 1827 à 1838. On a profité de ces travaux pour redresser l'alignement général du quai et pour y ménager un escalier de débarquement.

Ces nouveaux murs ont, sur une longueur de 27 mètres, le même profil que la partie refaite en 1820. Le prix de revient en a été sensiblement le même.

Les 39 mètres restants ont été fondés sans pilotis et sans terrassements importants, par suite de l'existence de l'estacade en avant de laquelle on les a établis; leur pied n'est défendu que par une ligne de pieux semi-jointifs; ils ont coûté 1,150 francs par mètre courant.

Le mur du grand quai a été commencé à la fin du XVIIe siècle; il n'a été complétement terminé et livré dans toute sa longueur qu'au milieu du XVIIIe siècle.

La longueur totale de l'alignement droit entre le pan coupé vers le Nord et le bajoyer de l'écluse Bérigny est de près de 170 mètres; la largeur moyenne du quai est de 16 mètres; la longueur au Sud de l'écluse est de 60 mètres.

Le mur a été construit avec le même profil que le quai des Pilotes; il est également formé d'un massif de moellon, parementé en pierre de Fécamp.

La partie en retour du bajoyer Sud de l'écluse de chasse, qui fait saillie sur l'alignement général du quai, a été refaite en 1792.

Elle a été fondée sur grillage, avec une défense de pieux jointifs; la hauteur du mur est de 8 mètres, et son épaisseur moyenne, de $3^m,30$; le mur est parementé et couronné en pierre de Ranville.

Les abords de l'écluse présentaient anciennement un musoir en saillie comme ceux de l'écluse Nord.

En 1830, par suite du remplacement de cette écluse de chasse par une écluse de navigation, on a dû refaire $9^m,30$ de quai.

Le nouveau mur a une hauteur de $6^m,60$ et une épaisseur moyenne de $2^m,80$; il a été fondé sur grillage et pilotis et est défendu par une ligne de pieux jointifs.

Peu après, en 1833, une nouvelle longueur de 12 mètres a été construite de l'autre côté de l'écluse, avec le même profil; le grillage a toutefois été simplement posé sur le terrain. La première de ces parties a coûté 2,450 francs par mètre courant, et la seconde, 1,800 francs.

La dernière section du mur actuel, contiguë au quai de la Vicomté, ne date que de 1866.

En même temps que l'on fermait l'écluse de navigation, remplacée par une autre écluse plus importante, on a remplacé par de la maçonnerie une ancienne estacade, dernier reste des anciens ouvrages en charpente du Sud de l'avant-port.

Cette partie de mur a une hauteur de $8^m,5o$ et une épaisseur moyenne de $3^m,2o$. Elle a été fondée directement sur un terrain très-consistant; les maçonneries sont au mortier de ciment de Portland, parementées en briques, suivant le type adopté dans toutes les constructions récentes du port de Fécamp : les prix de revient sont indiqués dans la partie de la notice relative aux quais du bassin.

Le grand quai, fondé à un niveau relativement élevé, a été, à diverses reprises, l'objet de travaux de rempiétement.

En 1841, à la suite d'un premier approfondissement partiel de l'avant-port, on en a défendu le pied, sur une longueur de 85 mètres, en masquant le terrain sous la fondation par un revêtement incliné en maçonnerie, fondé sur béton et appuyé sur une ligne de pieux jointifs.

En 1857, un rempiétement plus important a été fait dans toute la partie rectiligne du quai, entre les deux écluses, sur une hauteur de 2 mètres. On a maintenu le terrain par un massif irrégulier en maçonnerie de mortier de chaux et de ciment à prise rapide, fondé sur béton et ayant au plus 1 mètre d'épaisseur moyenne; le parement de cette reprise est en briques.

Les deux parties contiguës aux musoirs de l'écluse neuve ont eu de nouveau leur fondation abaissée sur une longueur de $8^m,4o$ de chaque côté, pour se raccorder avec les bajoyers de cette écluse. A cet effet, le mur, soutenu du côté de l'avant-port par le batardeau destiné à empêcher les eaux d'envahir le chantier en passant sous la fondation, s'appuie en arrière contre une voûte construite en prolongement du bajoyer. Puis on a déblayé par-dessous les anciennes maçonneries, pour leur faire une nouvelle base ayant en moyenne 4^m,80 d'épaisseur.

Le côté Sud de l'avant-port a été, dès une époque très-reculée, doté d'une estacade peu importante, qui était connue sous le nom *d'estacade Lemelle*. Cette estacade, totalement en ruine, a été remplacée en 1829 par un nouvel ouvrage en charpente sur 27 mètres de longueur.

C'est de 1838 à 1846 qu'on a exécuté le mur actuel, dit *quai de la Vicomté*, et la cale aux bois qui lui fait suite. Le quai a 200 mètres de longueur et 30 mètres de largeur.

La fondation a été assise directement sur le terrain et défendue par une ligne jointive.

Le mur a une hauteur de 7^m,15 et une épaisseur moyenne de 2^m,90; il est formé d'un massif de moellons parementé en briques; les mortiers ont été faits avec la chaux du pays. Le prix de revient ressort à près de 1,100 francs.

Le parement a été défendu par des poteaux de garde, comme dans tous les ouvrages anciens du port. C'est le dernier ayant reçu un revêtement de cette nature.

En 1860, par suite des travaux d'approfondissement de l'avant-port, la fondation du quai s'est trouvée en l'air de plus de 1 mètre; on s'est borné à masquer par un revêtement en maçonnerie ou des bordages les vides de la ligne jointive.

Des décisions récentes viennent d'approuver deux projets : l'un comportant la restauration du parement du grand quai et la pose d'échelles dans ce parement; l'autre, le rempiétement du quai de la Vicomté, suivant le mode qui est décrit plus loin comme ayant été appliqué aux parties anciennes des quais dans le bassin de Bérigny.

Les dépenses de construction et d'amélioration des quais se sont élevées à la somme de 1,094,000 francs; le tableau de la page suivante en présente le détail.

DATES DES LOIS ET DÉCISIONS.	INDICATION DES TRAVAUX.	QUAI DES PILOTES.	GRAND QUAI.	QUAI DE LA VICOMTÉ ET CALE AUX BOIS.
	Travaux antérieurs à 1792, évalués....................	130,000^f 00^c	250,000^f 00^c	//
1792.............	Reconstruction de 32 mètres de murs en 1792, évalués......	//	60,000 00	//
1814.............	Rempiétement en 1814, évalué.	8,000 00	//	//
13 mars 1820......	Reconstruction d'une partie du quai des Pilotes............	41,721 78	//	//
9 février 1825......	Réparations à l'estacade du quai des Pilotes................	2,082 21	//	//
13 mars 1827......	Reconstruction de l'estacade Lemelle....................	//	//	24,696^f 68^c
13 mars 1827......	Construction d'une partie de mur près l'épi Nord.............	38,000 00	//	//
10 avril 1829......	Construction d'un mur de quai en remplacement de la cale des Pilotes....................	32,000 00	//	//
13 avril 1830......	Reconstruction du grand quai près l'écluse Sud...............	//	23,000 00	//
4 janvier 1833.....	Reconstruction d'une autre partie.	//	21,628 51	//
	Parage du grand quai.........	//	30,000 00	//
15 février 1836.....	Achèvement du quai des Pilotes.	45,126 66	//	//
19 juillet 1839.....	Rescindements sur le quai de la Vicomté....................	//	//	45,224 04
30 décembre 1839...	Grosses réparations...........	4,720 00	4,400 00	//
30 juillet 1838.....	Construction du quai de la Vicomté et de la cale aux bois.......	//	//	220,845 71
28 juillet 1841.....	Rempiétement du grand quai...	//	38,000 00	//
3 mars 1857.......	Rempiétement des quais.......	1,500 00	24,500 00	2,000 00
18 octobre 1858....	Remplacement des poteaux d'amarre....................	//	3,250 00	3,200 00
1858.............	Rescindements sur le quai de la Vicomté....................	//	//	10,907 00
1863.............	Idem......................	//	//	8,000 00
1864.............	Idem......................	//	//	2,107 80
1864.............	Rescindements sur le grand quai.	//	16,811 80	//
1872.............	Rescindements sur le quai de la Vicomté....................	//	//	2,850 00
	TOTAUX PARTIELS.....	303,150 65	471,590 31	319,331 23
	TOTAL général des dépenses au 31 déc. 1872.		1,094,072^f 19^c	

Les travaux approuvés qui restent à exécuter sont :

1° La restauration du parement du grand quai, approuvée par décision du 2 février 1870 et évaluée à 18,500 francs;

2° Le rempiétement du quai de la Vicomté, approuvé en principe par décision du 7 mai 1872, évalué à 42,000 francs;

Ce qui porte à 60,500 francs la somme restant à dépenser pour mettre tous les ouvrages de l'avant-port en bon état et achever de descendre leurs fondations au niveau qu'exigent les profondeurs actuelles du port.

Depuis des temps fort reculés, on a eu recours aux chasses pour entretenir le chenal du port de Fécamp. Il ne paraît pas y avoir eu aucun ouvrage important jusqu'à la fin du xviie siècle, époque à laquelle on construisit deux écluses en maçonnerie aux extrémités Sud et Nord du grand quai.

Vauban en projeta une troisième plus importante au milieu même du grand quai; cet ouvrage, dont l'étendue de la retenue comportait l'exécution, n'a jamais été fait.

L'écluse Sud était formée par deux pertuis voûtés en plein cintre, ayant leur radier à la cote 14^m,80 de l'échelle du port, et un débouché total de 8^m,80.

Elle a été remplacée, il y a quarante ans, par une écluse de navigation.

Le radier de l'écluse Nord est à la cote 15^m,20; les deux pertuis ont un débouché total de 10 mètres. L'écluse se compose d'une pile centrale et de deux bajoyers en maçonnerie, avec radier également en maçonnerie revêtu d'un bordé.

L'avant-radier est formé d'un revêtement en bois, soutenu par un grillage sur pilotis, et protégeant un remplissage en moellons, que maintient, du côté du large, une ligne de pieux jointifs. On franchit les deux pertuis par un pont en charpente reconstruit à neuf en 1833.

Les premiers travaux exécutés en vertu de la loi du 15 juillet 1846 ont consisté dans la reconstruction presque entière de l'écluse sur ses anciennes fondations; on a, en même temps, amélioré le système de fermeture, en substituant aux trois petites portes qui existaient dans chaque pertuis, et qui en obstruaient presque complétement le débouché, une porte unique, formée de pièces de charpente de $0^m,40$ à $0^m,28$ d'équarrissage, reliées entre elles par trois paires de moises horizontales, et soulagées par des écharpes fixées à la tête des poteaux tourillons.

Ces portes ont leur crapaudine femelle en dessous; leur tête est saisie dans un collier muni de quatre rouleaux de friction, qui en facilitent la rotation.

En 1869, après l'ouverture de la retenue à la navigation, on les a modifiées de manière à pouvoir retenir les eaux sans provoquer des remous de nature à gêner le mouvement de roues hydrauliques établies en amont sur la rivière de Valmont. A cet effet, on a évité chaque porte à droite et à gauche du poteau tourillon et entre les moises supérieures et intermédiaires, de manière à permettre au trop plein de la retenue et aux eaux de la rivière de se déverser d'une manière continue, lorsque les portes sont fermées. Quand on veut chasser, on ferme ces ouvertures au moyen de poutrelles, qu'on glisse dans des rainures verticales ménagées dans les poteaux tourillons et busqués.

On a en même temps fait une réparation importante à l'avant-radier.

La superficie de la retenue des chasses était autrefois beaucoup plus considérable qu'aujourd'hui.

On l'a réduite une première fois, après 1830, pour établir le bassin Bériguy et le terre-plein, aujourd'hui bâti, situé entre ce bassin et la rue des Prés; elle s'est trouvée restreinte de nouveau par l'établissement de la gare; elle compte aujourd'hui 29 hectares 50 ares.

La communication entre les deux rives est assurée par un pont en bois de 50 mètres de longueur, construit en 1860 par le service du port, moyennant une subvention de la ville. Ce pont fait aujourd'hui partie des dépendances de la route nationale n° 25; il doit être remplacé, aux termes d'un décret en date du 18 juillet 1872, par un pont en maçonnerie ayant deux arches surbaissées de 15 mètres d'ouverture, et suivi d'une travée métallique de 10 mètres, destinée, moyennant quelques modifications, à servir au passage des navires dans la partie haute de la retenue.

Les seuls travaux de terrassement exécutés dans la retenue en vue des chasses ont consisté dans le déblai des parties hautes en amont du pont; c'est la Compagnie du chemin de fer de l'Ouest qui a accompli ce travail, pour compenser la réduction du volume d'eau disponible pour les chasses par suite de l'établissement de la gare.

On a mis en avant, à diverses époques, des projets tendants à substituer à l'écluse de chasse une écluse de navigation, afin de rendre la retenue accessible aux bateaux de pêche. Cette question a reçu une solution en 1868 par la construction d'une écluse établissant une communication avec le bassin à flot à travers le quai Nord.

Divers travaux accessoires ont été exécutés en même temps pour permettre de faire servir aux opérations d'armements et de désarmements la partie de retenue située en aval du pont, et désignée aujourd'hui sous le nom de *bassin Gayant*.

L'ensemble de ces travaux est décrit plus loin.

Après la suppression de l'écluse Sud, on a continué à chasser dans le fond de l'avant-port au moyen de ventelles ménagées dans les portes de l'écluse de navigation.

Lors de la reconstruction de cette écluse, on a établi sur le radier de l'écluse supprimée un aqueduc commandé par deux vannes offrant un débouché total de $2^m,25$.

Ces vannes servent aussi à régler le niveau des eaux dans le bassin.

Les dépenses faites dans l'intérêt des chasses aux écluses et dans la retenue peuvent être évaluées à la somme de 913,000 francs, suivant les indications du tableau de la page suivante.

DATES DES LOIS ET DÉCISIONS.	INDICATION DES TRAVAUX.	DÉPENSES.
Vers 1780..............	Écluses Nord et Sud, évaluées........	700,000^f 00^c
1828.................	Grosses réparations................	5,374 53
3o septembre 1833........	Reconstruction du pont de l'écluse Nord.	5,000 00
26 février 1844...........	Expériences relatives à la construction de l'écluse Nord...................	4,466 32
3 mai 1845..............	Grosses réparations................	4,941 5o
Loi du 16 juillet 1845 et décision du 19 mai 1846.....	Reconstruction partielle de l'écluse Nord.	100,000 00
Décrets du 22 janvier 185g et du 26 août 1865	Expropriation de divers terrains........	85,436 84
Décret du 4 mai 1867 et décision du 24 novembre 1869.	Transformation des portes et réparations du radier.....................	7,5oo 00
Décision du 26 octobre 185g.	Déblais faits par la Compagnie des chemins de fer de l'Ouest................	Pour mémoire.
	Total au 31 décembre 1872...	912,719 19

Les chasses ont de tout temps permis d'entretenir le chenal dans un état satisfaisant, et ont beaucoup contribué à l'approfondissement du port.

Depuis que les pouliers de galet n'envahissent plus l'entrée, on ne chasse qu'à de rares intervalles, pour expulser de l'avant-port et du chenal la vase ou le sable qui s'y déposent à la longue.

L'idée de construire une écluse de navigation à l'extrémité Sud du grand quai et de créer un bassin à flot aux dépens de la retenue avait été émise dès la fin du siècle dernier par M. de Lescaille, dont les projets ont été signalés dans l'historique du port.

Ce n'est qu'en 1829 qu'il a été décidé d'établir un ouvrage de cette nature sur l'emplacement occupé par l'écluse de chasse du Sud.

Cette écluse, supprimée depuis comme devenue insuffisante, avait une largeur de 10 mètres en couronnement et de 9^m,65 au niveau du radier.

Son radier était établi à la cote 17 mètres de l'échelle du port;

il était formé d'un revêtement en bois, cloué sur un grillage fixé
sur pilotis et recouvrant une couche de béton de 1ᵐ,5o; l'arrière-
radier et l'avant-radier, qui s'avançait de 2o mètres dans l'avant-
port, étaient construits dans le même système, sauf substitution de
la terre glaise au béton.

Les bajoyers étaient en maçonnerie de moellon parementée en
pierre de Ranville.

Les mortiers ont été faits avec la chaux et la pouzzolane du pays.

Le radier étant à cette époque à 0ᵐ,5o au-dessous du fond de
l'avant-port, les travaux ont exigé des épuisements considérables.

Les portes, qui ont été utilisées depuis à l'écluse de communication entre le bassin et la retenue, ont été formées de poteaux
tourillons et busqués de 0ᵐ,45×0ᵐ,5o d'équarrissage, reliés par
cinq traverses inégalement espacées, ayant 0ᵐ,35 de largeur sur une
épaisseur variant de 0ᵐ,35 à 0ᵐ,45; le bordé a 0ᵐ,1o d'épaisseur.
L'ensemble des charpentes est consolidé par une écharpe partant de
la tête du poteau tourillon; chaque vantail a, à sa partie inférieure,
deux vannes, offrant un débouché total de 3 mètres carrés. Elles
avaient, dans l'origine, des roulettes, qui ont été supprimées depuis.

Le pont tournant, du système le plus répandu à cette époque,
était formé de cinq longerons, supportant la chaussée et les trottoirs, reliés par des traverses et soulagés, dans les mouvements
d'ouverture et de fermeture, par un système de tirants en fer.

Les portes et le pont subirent deux grosses réparations, la première en 1848, la seconde en 1854.

Le radier a été modifié une première fois en 1836; le grillage,
soulevé par l'effet des sous-pressions, a dû être consolidé[1].

En 1859, on a remplacé le revêtement en bois par une maçonnerie de briques et de mortier de ciment de Portland; les têtes de
cette maçonnerie furent faites en pierre de Ranville, et le busc en

---

[1] Ce travail a fait l'objet d'une notice *chaussées*, année 1838, 2ᵉ semestre,
publiée dans les *Annales des ponts et* p. 13.

granit. Le tout a été posé sur l'ancien béton, dont l'état de conservation ne laissait rien à désirer.

Ces travaux avaient été faits en prévision du maintien de l'écluse, malgré l'exécution d'une nouvelle entrée, dont la construction fut commencée l'année suivante.

Mais, en fin de compte, les dépenses supplémentaires nécessitées par ce maintien, et le peu de service à attendre de l'ancien ouvrage, en firent décider la suppression.

La nouvelle écluse est un peu au Nord de l'ancienne; sa largeur est de 16^m,50, et sa longueur, de tête en tête, est de 34 mètres. Les bajoyers sont verticaux; leur hauteur totale est de 12^m,60, et leur épaisseur moyenne, de 4^m,20.

Le radier a la forme d'un arc de cercle de 1^m,70 de flèche; son épaisseur au milieu est de 1^m,70. Le busc a été établi, en vue d'un approfondissement ultérieur du port, à la cote 21 mètres. L'épaisseur est portée à 1^m,80 sous la chambre des portes.

Les maçonneries de remplissage sont en béton jusqu'à la cote 17 mètres, et en moellons au-dessus de cette cote. Les parements sont en briques; le couronnement des bajoyers et le dallage des encuvements du pont sont en granit de Diélette. Ce dallage est posé sur voûtes.

Tous les mortiers ont été faits au ciment de Portland.

Les fondations sont assises, de la cote 22^m,60 à 23^m,15, sur un terrain d'une compacité très-grande, mais traversé par des sources nombreuses, en sorte que leur exécution a exigé des épuisements très-importants.

Le busc présente une flèche égale au cinquième de l'ouverture de l'écluse.

Les portes [1] ont une hauteur de 10 mètres; la longueur des vantaux est de 9^m,55, leur épaisseur est de 0^m,50 au tourillon et au busc, et de 0^m,66 au milieu.

[1] La construction de ces portes a fait l'objet d'un mémoire publié dans les *Annales des ponts et chaussées*, année 1869, 2e semestre, p. 81.

Chaque vantail se compose d'un cadre formé des poteaux busqué et tourillon et des traverses supérieure et inférieure, avec entretoises intermédiaires, le tout relié par des pièces verticales formant moises, des écharpes et des tirants, avec un bordage épais du côté d'amont et un bordage léger du côté d'aval.

Les pièces du cadre et les moises sont en chêne.

Les entretoises, dont l'intervalle d'axe en axe varie de $0^m,78$ à $1^m,33$, sont formées de pièces de sapin de $0^m,50$ de hauteur, armées, sur leurs faces supérieures et inférieures, de fers en U, de $0^m,010$ d'épaisseur.

Le bordage d'amont est en chêne de $0^m,10$ d'épaisseur; celui d'aval, en sapin, de $0^m,06$.

Les écharpes, au nombre de deux, une sur chaque face du vantail, sont fixées, d'une part, à un chapeau en fonte qui coiffe le tourillon, et, d'autre part, à une ferrure qui embrasse toute la partie inférieure du cadre. Leur équarrissage est de $0^m,135 \times 0^m,030$.

Un fer de même section, sur chaque face de la traverse supérieure, relie la tête du poteau busqué à celle du poteau tourillon.

Les tirants horizontaux qui relient ces poteaux sont au nombre de trois, placés dans les intervalles des entretoises, et ont $0^m,050$ de diamètre.

Tous les serrages sont obtenus par des tendeurs à écrous.

Chaque vantail présente, en outre, dans la partie inférieure, deux séries d'ouvertures superposées, et commandées par des ventelles donnant un débouché total de $1^m,85$.

Les chaînes de manœuvre, fixées à la moitié de la hauteur des vantaux, gagnent les treuils en passant sur deux poulies de renvoi, et remontent le long du bajoyer dans une rainure extérieure ménagée à cet effet.

Les pivots sont formés d'une sphère de bronze saisie entre deux crapaudines de bronze.

Les portes valets sont formées d'un cadre de forme trapézoïdale de $0^m,50$ d'épaisseur, constitué comme celui des portes d'ebbe.

La longueur de chaque vantail est de $8^m,75$, et sa hauteur, qui est de $11^m,40$ contre le bajoyer, est réduite à $8^m,50$ au poteau de butée.

Les entretoises sont au nombre de six.

Le pont tournant est à deux volées; chacune a une longueur totale de $18^m,85$; la voie a $2^m,20$ de large, et les trottoirs, $0^m,75$.

La voie unique destinée aux voitures est supportée directement par quatre longerons métalliques convenablement contreventés; ces longerons sont évidés et profilés de manière à dessiner, lorsque le pont est fermé, une travée en arc de cercle surbaissé, dont la naissance se trouve sur l'arête des bajoyers.

La hauteur de ces longerons, au droit du pivot, est de $0^m,90$ pour les longerons de tête, et de $0^m,64$ pour les longerons intermédiaires. Chacun d'eux est formé d'une âme de $0^m,010$ d'épaisseur, avec cornières de $0^m,070$ de côté.

Ils sont reliés par des fers à double T et des écharpes de contreventement.

Les trottoirs sont en encorbellement.

Le calage du pont est produit par un excentrique [1].

La nouvelle écluse a été livrée en 1865, et l'ancienne fermée immédiatement après; on a ménagé sur le radier un aqueduc commandé par deux vannes, dont les orifices circulaires ont un débouché total de $2^m,25$.

Aux termes du programme arrêté en 1830, on devait se borner à créer quelques aménagements aux abords de l'écluse; mais on reconnut bien vite la nécessité d'isoler du restant de la retenue le lieu destiné au stationnement des navires. En 1835, on établit, en conséquence, une digue traversée par un aqueduc de 3 mètres d'ouverture, de manière à fermer le bassin au Nord et à l'Est, et à lui assigner 200 mètres de longueur sur 100 mètres de largeur.

Quelques années après, on abaissa le fond de ce petit bassin

[1] Ces diverses dispositions ont été empruntées aux ponts de Dunkerque, décrits dans les *Annales des ponts et chaussées*, année 1859, 1er semestre, p. 129.

d'environ 1 mètre pour le mettre en rapport avec le niveau du radier de l'écluse.

La loi du 16 juillet 1845 avait prévu un agrandissement du bassin; ce travail reçut un commencement d'exécution en 1848 pour être repris en 1854. La longueur du bassin fut à peu près doublée, et, dans la nouvelle partie déblayée, on disposa des appontements en charpente pour les besoins de la navigation, en attendant la construction de murs de quai; cette nouvelle partie du bassin ne reçut que 80 mètres de largeur.

A la suite de la construction de la nouvelle écluse, on dragua le fond du bassin à la cote 19 mètres de l'échelle du port, en ménageant des raccords, pour respecter les ouvrages existants; une souille fut creusée jusqu'à la cote 21 mètres, en amont de l'écluse.

Ces travaux viennent d'être complétés par une entreprise récente, qui a définitivement fixé la longueur du bassin à 370 mètres, et sa largeur à 100 mètres, en portant le développement total des quais à 880 mètres, y compris deux cales aux bois, de 30 mètres chacune, situées au fond du bassin, à droite et à gauche du quai de la Mâture, et dont l'une est utilisée pour l'abatage des navires.

Les murs de quai du bassin sont, pour la plupart, de construction récente.

Immédiatement après la construction de l'écluse de navigation, on construisit sur la rive Sud une longueur de quai de 150 mètres, y compris un pan coupé de 35 mètres contre l'écluse, et on poursuivit les remblais en prolongement de ce quai, de manière à ouvrir un nouvel accès vers le centre de la ville.

Le quai fut prolongé de 85 mètres en 1842.

Ces premiers ouvrages ont dû être rempiétés en 1869 sur une hauteur de 1ᵐ,30, par suite de l'abaissement du fond du bassin.

Sur le côté Nord, on se borna à construire une estacade de 126 mètres de longueur, laquelle a été démolie après la reconstruction de l'écluse, pour faire place aux nouveaux murs de quai.

Jusqu'à ces dernières années, la navigation n'a eu à sa disposition que ces ouvrages et les quelques appontements établis en 1855, ainsi qu'il a été dit plus haut, lors de l'agrandissement du bassin.

La construction du restant des quais, commencée en 1865, touche à sa fin.

Le fond du bassin consiste, dans tout son pourtour, en galet agglutiné très-compacte.

Les murs de la partie ancienne du quai Bérigny ont été fondés sur grillage, à la cote 17 mètres de l'échelle du port, et défendus en avant par une ligne de pieux semi-jointifs.

Leur hauteur est de 6^m,60, et leur épaisseur moyenne, de 2^m,65. Les vides du grillage ont été bourrés en béton; le massif est en maçonnerie de moellon parementée en pierre de Ranville; leur couronnement est en granit et a 2 mètres de largeur. Ils ont coûté 1,100 francs par mètre courant, et ont été faits en mortier de chaux et de pouzzolane de la retenue.

Les 35 mètres formant pan coupé près de l'écluse ont 7 mètres de hauteur et 3 mètres d'épaisseur moyenne; ils sont défendus par une ligne de pieux jointifs, et ont coûté 1,730 francs.

Les travaux de rempiétement faits en 1869, sur une hauteur de 1^m,30, consistent dans l'établissement, en prolongement du fruit du mur, d'un masque de 1 mètre d'épaisseur totale, formé de béton gras en mortier de ciment de Portland, parementé en briques sur 0^m,22 d'épaisseur. Il a coûté 110 francs par mètre courant, y compris quelques déblais devant le mur.

Pour compléter ces renseignements, il convient de rappeler que les estacades construites sur la rive Nord du bassin, en même temps que ces diverses parties de quai et dans des conditions semblables de hauteur, sont revenues à 1,000 francs le mètre courant.

Les murs de quais, de construction récente, ont été entièrement exécutés en mortier de ciment de Portland; leur fondation consiste en une couche de béton qui repose directement sur le terrain naturel, formé de gravier agglutiné très-compacte; les maçonneries du massif sont parementées en brique; le couronnement est en granit de Diélette.

Le niveau général de leur fondation est à la cote 20 mètres, sauf aux abords de l'écluse de navigation, où elle s'abaisse à la cote 21 mètres.

On les a construits à la faveur des marées, dans la presque totalité de leur longueur, en mettant à profit la morte saison de la navigation pour laisser écouler les eaux du bassin.

Les 45 premiers mètres du quai de l'Entrepôt contigus à l'écluse de navigation ont été construits à la faveur des batardeaux et des épuisements qu'a nécessités la construction de cette écluse. La hauteur totale de cette partie est de 11 mètres, et l'épaisseur moyenne, de $3^m,85$. Le massif intérieur est en maçonnerie de béton jusqu'à la cote 17 mètres, avec blocage au-dessus.

Les 15 mètres suivants ont même hauteur et même épaisseur. Leur massif est fondé sur des blocs artificiels en béton, posés au moyen de chalands; le dessus est à la cote 19 mètres.

Le mur qui ferme l'ancienne écluse du côté amont a été établi dans le même système; comme il sert au raccord du nouveau bajoyer Sud avec la partie ancienne du quai Bérigny, sa hauteur varie de 10 mètres à 11 mètres, et son épaisseur est, en moyenne, de $3^m,75$.

Le reste des quais, sur une longueur totale de 520 mètres, présente les dispositions suivantes.

Le béton de fondation s'élève jusqu'à la cote 17 mètres de l'échelle du port, et le parement en brique ne commence qu'à cette cote. Jusqu'à la cote 15 mètres, le massif est formé d'un remplissage en béton encadré dans des muretins en blocage; au-dessus il est entièrement en maçonnerie de moellon.

Sur les faces Sud et Est du bassin, le couronnement a 1 mètre de large et est appuyé en arrière par une bande pavée en grès de Saint-Valery; sur le côté Nord, dont la construction est antérieure, il a $1^m,70$ de large sans aucun pavage.

Les remblais ont été effectués, à l'exclusion de toute terre ou vase, avec les marnes provenant des coteaux voisins du port, lesquels offrent des garanties contre toute poussée.

Des escaliers ont été ménagés de chaque côté de l'écluse de communication et aux angles du bassin.

Au quai de l'Entrepôt, la hauteur totale varie de 10 mètres à 11 mètres, et l'épaisseur est, en moyenne, de 3^m,75.

Au quai Nord, la hauteur varie de 9^m,40 à 10 mètres; elle est de 9^m,40 au quai de la Mâture et au quai Bérigny; les épaisseurs moyennes varient de 3^m,30 à 4 mètres.

La largeur des terre-pleins avait été fixée à 25 mètres en 1834, lors de l'exécution du premier quai sur le côté Sud du bassin. Dans les nouveaux travaux, elle a été fixée à 30 mètres pour le quai Nord. Au quai de la Mâture, le terre-plein a 50 mètres de largeur totale, y compris les cales, qui ont 25 mètres de profondeur.

Voici les prix de revient des diverses sections de ces quais, tels qu'ils résultent des dépouillements de la comptabilité.

Les murs fondés sur blocs au quai de l'Entrepôt et en amont de l'ancienne écluse ont coûté, par mètre courant, le premier, 1,590 fr. pour une hauteur de 11 mètres, et le deuxième, 1,450 francs pour une hauteur variant de 10 mètres à 11 mètres. Ces quais ont d'ailleurs exigé peu de terrassements.

La partie des murs du même quai fondée sur massif de béton, et dont la hauteur varie de 10 mètres à 11 mètres, a coûté 1,630 francs.

Les murs du quai Nord, de 9^m,40 à 10 mètres de haut, et ceux du quai de la Mâture et du quai Bérigny, de 9^m,40, ont coûté respectivement 1,450 et 1,570 francs.

Ces derniers sont un peu moins élevés, mais ils ont exigé plus de terrassements, et le maintien de la circulation sur le côté Sud du bassin a créé des sujétions assez coûteuses.

Il convient de mentionner, en outre, les prix de revient des deux sections de quai exécutées dans le même système, du côté de l'avant-port, à l'époque de la fermeture de l'ancienne écluse.

Le mur qui ferme cette écluse à l'aval a 7 mètres de hauteur, et a été fondé directement sur l'ancien radier, sans terrassement préalable; il est revenu à 1,100 francs le mètre.

Le mur qui remplace une estacade contre le quai de la Vicomté a 8^m,50 de hauteur et a coûté 1,200 francs. Le parement de ces murs a été fait avec des pierres appartenant à l'État.

Ces divers prix de revient se rapportent à la construction des quais proprement dits et des terre-pleins en arrière. Si l'on tient compte des travaux de terrassement et de dragage exécutés, à diverses reprises, pour l'agrandissement ou l'approfondissement du bassin, on trouve que le mètre courant de quai livré à la navigation représente une dépense de 2,580 francs par mètre courant.

Les travaux de création et d'achèvement du bassin Bérigny, non compris les frais d'établissement de l'écluse qui sert à l'entrée des navires dans la retenue, ont entraîné une dépense totale de 4,400,000 francs, dont voici le détail :

DATES DES LOIS ET DÉCISIONS.	INDICATION DES TRAVAUX.	ÉCLUSES.	QUAIS ET TERRASSEMENTS.
15 avril 1829............	Construction d'une écluse avec porte d'ebbe et pont tournant............	481,878^f 91^c	"
29 août 1833............	Construction d'un mur de quai à la suite de l'écluse....................	"	64,732^f 86^c
1834................	Construction d'un quai et d'une levée.	"	355,768 18
1835................	Construction d'une digue d'enceinte avec aqueduc....................	"	78,035 19
18 février 1836.........	Réparation du radier de l'écluse......	14,800 00	"
Décembre 1836..........	Construction d'une estacade et d'une levée à la suite................	"	23,500 00
25 août 1837...........	Prolongement du quai Bérigny.......	"	92,008 43
27 décembre 1839.......	Creusement du bassin............	"	49,776 10
5 juillet 1842...........	Restauration et continuation d'une estacade dans le bassin............	"	70,772 83
1846................	Acquisitions de terrain............	"	2,648 91
	A reporter..........	496,678 91	737,242 50

DATES DES LOIS ET DÉCISIONS.	INDICATION DES TRAVAUX.	ÉCLUSES.	QUAIS et TERRASSEMENTS.
	Report............	496,673ᶠ 91ᶜ	737,242ᶠ 50ᶜ
Loi du 16 juillet 1845 et décis. du 11 nov. 1848.	Prolongement du bassin à flot........	//	17,286 29
13 septembre 1849......	Réparation des portes et du pont tournant........................	24,730 89	//
30 juillet 1852.........	Reconstruction d'une partie de l'estacade du bassin.................	//	11,572 36
Loi du 16 juillet 1845 et décision du 18 fév. 1854.	Prolongement du bassin............	//	70,683 36
21 avril 1855...........	Construction d'appontements........	//	4,558 17
21 avril 1858...........	Curage du bassin à flot.............	//	61,000 00
30 mai 1859.............	Restauration du radier de l'écluse.....	59,435 42	//
Décret du 4 février 1860 et décision du 22 juin 1860.	Construction d'une nouvelle écluse et de 45 mètres de quai..............	1,400,077 25	100,000 00
Décret du 4 février 1860 et décis. du 21 juillet 1864.	Construction d'un pont tournant sur cette écluse...................	39,085 41	//
Décret du 4 février 1860 et décision du 8 mars 1864.	Construction des portes............	112,262 29	//
Décret du 4 février 1860 et décision du 7 nov. 1865.	Dragages aux abords de l'écluse......	//	19,000 00
Décret du 4 février 1860 et décision du 1ᵉʳ fév. 1866.	Approfondissement du bassin........	//	124,200 00
Décret du 4 février 1860 et décision du 10 avril 1867.	Achèvement du quai de l'Entrepôt....	//	68,477 16
Décret du 4 mai 1867 et décision du 22 août 1867.	Construction du quai Nord..........	//	431,000 00
Décret du 4 mai 1867 et décision du 4 fév. 1868.	Amélioration au droit du terre-plein Bérigny.....................	// .	7,100 00
Décret du 4 mai 1867 et décision du 27 nov. 1868.	Rempiétement du quai Bérigny.......	//	21,000 00
Décret du 4 mai 1867 et décision du 2 fév. 1869.	Achèvement du bassin Bérigny.......	//	595,000 00
	TOTAUX PARTIELS.....	2,132,265 17	2,268,119 84
Total des dépenses au 31 décembre 1872.		4,400,385ᶠ 01ᶜ	

L'extension des armements du port a nécessité la construction, en 1869, d'un passage entre le bassin Bérigny et la partie inférieure de la retenue désignée depuis sous le nom de *bassin Gayant*. La nouvelle écluse, dont l'axe est perpendiculaire au quai Nord, est située à 150 mètres à l'Est de l'écluse Bérigny; elle présente les mêmes conditions de largeur et de tirant d'eau que l'ancienne écluse du bassin, dont elle a reçu les portes.

Les bajoyers ont une longueur de 37 mètres; leur hauteur moyenne est de 8ᵐ,5o, et l'épaisseur moyenne, de 3 mètres; ils présentent le même genre de construction que les nouveaux murs de quai.

Le radier est formé d'un revêtement en bois, cloué sur des traverses posées sur pilotis, et recouvrant une couche de glaise de 0ᵐ,8o à 1ᵐ,1o d'épaisseur.

Ses deux têtes sont défendues par des lignes de palplanches jointives; une autre ligne jointive règne sous le busc.

Le pont tournant est à une volée, situé sur le bajoyer Est, le bajoyer Ouest restant complétement dégagé pour les manœuvres. Son pivot repose sur un contre-fort en maçonnerie en arrière du mur; l'encuvement, recouvert d'un pavage sur forme de sable, se raccorde par des surfaces inclinées avec les abords de l'écluse.

Le pont a une longueur totale de 21ᵐ,8o; il est formé de deux longerons dont la hauteur atteint 1ᵐ,2o au droit du pivot; leur section est celle d'une poutre double T, dont l'âme a 0ᵐ,oo6 d'épaisseur, est armée de cornières et est renforcée par des semelles de 0ᵐ,1ho de largeur et 0ᵐ,oah d'épaisseur totale.

La voie charretière, d'une largeur de 2ᵐ,3o, repose, d'une part, sur des cornières fixées intérieurement à l'âme des longerons, et, d'autre part, sur des fers longitudinaux portés par les pièces transversales qui relient ces longerons.

Les trottoirs ont 1 mètre de large et sont en encorbellement.

Le pont tourne sur une sphère de bronze saisie entre deux crapaudines d'acier.

A la suite de l'écluse, on a creusé une souille de 12o mètres de longueur, dont le plafond a ho mètres de largeur, et est réglé au niveau du radier de l'écluse, soit à la cote 17 mètres. Sur le côté Ouest de cette souille, qui se termine aux abords de l'écluse de chasse, a été établi un terre-plein perreyé, avec quatre appontements distants de 22ᵐ,5o d'axe en axe; sept autres appontements ont été installés, quatre sur le côté Sud du nouveau bassin, et trois sur le côté Nord, espacés de 27 à 30 mètres; on a commencé à creuser une souille en face de ces derniers.

Par suite de l'exécution des travaux, le terre-plein entre les deux bassins a reçu une largeur en crête de 70 mètres; le terre-plein de la rue Sous-le-Bois a été porté à 20 mètres.

Les appontements voisins de l'écluse sont appuyés sur des perrés qui sont formés de gros blocs posés sur un lit de marne pilonnée, et rejointoyés profondément; leur inclinaison est de 1^m,85 de base pour 1 mètre de hauteur.

Ils ont une saillie de 10^m,50 et une largeur de 4^m,30.

Les trois longerons qui supportent le tablier sont soutenus, à leur extrémité vers le large et en leur milieu, par deux fermes, composées chacune de deux montants verticaux fixés sur pieux, moisés en tête et au pied, et reliés par une croix de Saint-André.

Les poteaux de la ferme du large, qui ont à soutenir le poids des navires, sont revêtus de fourrures et appuyés en tête par deux contre-fiches butant au pied de la ferme intermédiaire et reliées par une croix de Saint-André. Ils sont également soutenus en leur milieu par des contre-fiches horizontales butant au même point.

Les charpentes sont en sapin de 0^m,25 à 0^m,28 d'équarrissage, sauf les longerons, qui ont 20 $\times$ 36; le bordé a 0^m,08 d'épaisseur. Chacun de ces appontements représente une dépense de 2,000 fr.

Les autres appontements établis dans la retenue sont moins importants, et entièrement construits avec des bois provenant de la démolition des estacades.

Les travaux faits jusqu'à ce jour pour l'aménagement du bassin Gayant ont été imputés sur la dotation du décret du 4 mai 1867.

Ils s'élèvent à la somme de 326,000 francs environ.

Il reste encore à dépenser une somme de 81,500 francs pour terminer le creusement d'une souille sur le côté Nord, autorisé par la décision du 7 novembre 1870.

DATES DES LOIS ET DÉCISIONS.	INDICATION DES TRAVAUX.	ÉCLUSE.	APPONTEMENTS ET TRAVAUX de creusement.
Décret du 4 mai 1867 et décision du 29 août 1867.	Construction d'une écluse et creusement d'une souille..................	160,000f 00c	126,000f 00c
Décret du 4 mai 1867 et décision du 10 mai 1868.	Construction d'un pont tournant.....	11,810 67	"
Décret du 4 mai 1867 et décision du 7 nov. 1870.	Creusement d'une souille au Nord du bassin Gayant (dépenses au 31 décembre 1872)..................	"	28,500 00
	Totaux partiels.....	171,810 67	154,500 00
	Total des dépenses au 31 décembre 1872.	326,310f 67c	

A l'époque de la construction de la première écluse de navigation, le fond général de l'avant-port était à la cote $16^m,50$, c'est-à-
dire à peu près au niveau des basses mers de morte eau.

Les profondeurs actuelles ont été obtenues au moyen de travaux
exécutés à diverses reprises de 1840 à 1870.

Les premiers travaux, exécutés avant 1858, ont eu pour but
d'abaisser le plafond général de l'avant-port à la cote 19 mètres.

En 1859, on a commencé entre les jetées et devant l'entrée
d'importants travaux, pour enlever un banc de roche et creuser un
chenal à la cote $21^m,50$, soit 2 mètres au-dessous des plus basses
mers.

Ce banc de roche est le prolongement de celui sur lequel est
fondée la jetée Nord.

Il a été attaqué au moyen de mines superficielles dites *améri-
caines*. Les charges de poudre étaient de 50 kilogrammes; on y met-
tait le feu avec une bobine de Ruhmkorff, sous une couche d'eau
d'au moins 7 mètres. Pour la majeure partie du travail, la pose des
touries chargées de poudre et l'enlèvement des blocs ont été faits
au scaphandre[1]. Le travail a été complété à la drague.

En 1866, ce travail a été prolongé dans l'avant-port jusqu'à

[1] Ces travaux ont été décrits dans les *Annales des ponts et chaussées,* année 1862,
1er semestre, p. 8.

l'écluse de navigation; on a creusé dans la partie centrale une souille descendant à la cote 21^m,50, avec une largeur en plafond de 16 mètres, et se raccordant avec le terrain au pied des quais par une pente douce.

Grâce à ces travaux, les profondeurs qu'on avait obtenues par le seul moyen des chasses, et qui n'étaient plus en rapport avec les besoins de la navigation, ont été grandement augmentées, de manière à satisfaire à toutes les exigences du commerce maritime.

Il s'est déposé à la longue dans le chenal une certaine quantité de sable, qui en a remonté le niveau à la cote 20 mètres environ.

A la suite des accidents qui ont obligé de rempiéter les ouvrages de l'entrée, on n'a pas cherché à regagner la profondeur primitivement obtenue; mais il serait facile de le faire par des chasses persistantes, le jour où les fondations des jetées auraient été suffisamment descendues.

On se borne, pour le moment, à chasser à de longs intervalles, pour ne pas laisser le fond remonter au-dessus de la cote 20 mètres, laquelle permet d'ailleurs au port de recevoir à toute marée des navires du plus fort tonnage.

Les dragages faits dans l'avant-port se sont trouvés également remplis par une assez grande quantité de vase; mais cette vase est molle, et les navires entrés après le plein, ou les relâcheurs qui ne veulent pas rester à sec, trouvent dans la souille draguée devant l'écluse de navigation un excellent point pour séjourner à mer basse.

Les divers travaux mentionnés ci-dessus ont entraîné une dépense totale de 730,000 francs, dont le tableau ci-contre donne le détail :

DATES DES LOIS ET DÉCISIONS.	INDICATION DES TRAVAUX.	CHENAL.	AVANT-PORT.
1840.................	Déblais dans l'avant-port pour remblayer derrière le quai de la Vicomté.....	"	P^r mémoire.
1846.................	Amélioration du chenal............	20,410^f 08^c	"
Loi du 15 juillet 1846 et décision du 26 juill. 1848.	Dragages dans l'avant-port..........	"	38,000^f 00^c
Loi du 15 juillet 1846 et décision du 4 fév. 1856.	Dragages dans l'avant-port, y compris le rempiétement des quais........	"	166,916 30
1858.................	Expériences de dérochement........	5,000 00	"
Décret du 22 juillet 1859 et décision du 23 avril 1859.	Approfondissement du chenal........	398,000 00	"
Décret du 22 janv. 1859 et décision du 21 avril 1866.	Dragages dans l'avant-port..........	"	102,209 96
	TOTAUX PARTIELS.....	423,410 08	307,126 26
	TOTAL des dépenses au 31 décembre 1872.	730,536^f 34^c	

Les petits navires se radoubent ordinairement sur la grève située en face des chantiers de construction; ils y trouvent un bon échouage à un niveau assez élevé pour que les travaux s'y exécutent facilement.

Le programme de la loi du 16 juillet 1845 comprenait l'établissement d'un gril de carénage au Nord des chantiers de construction, contre le retour de l'estacade pleine qui devait fermer le brise-lames Sud.

Cette estacade n'ayant pas été exécutée, le gril a été reporté, lors de son exécution, en 1857, à l'extrémité Nord de la cale aux bois contiguë au quai de la Vicomté; le gril est parallèle au quai et à 50 mètres de distance; les navires sont appuyés contre une estacade à claire-voie établie du côté des chantiers.

L'estacade a 63 mètres de long, y compris les raccords vers la terre; elle a été faite presque en entier avec les bois préparés pour la contre-jetée Est du port de Saint-Valery-en-Caux, ce qui a déterminé les conditions du profil.

Le gril a 45 mètres de long et une largeur totale de $11^m,75$.

Les tins ont 0^m,35 × 0^m,40 d'équarrissage et 6 mètres de long;
ils sont espacés de 3 mètres d'axe en axe; chacun d'eux repose sur
cinq pieux, lesquels sont reliés par des moises longitudinales et
transversales sur lesquelles repose, à 0^m,85 au-dessous de la surface des tins, le plancher qui sert pour accéder sous les fonds du
navire.

La largeur des plates-formes latérales établies au niveau du des-
sus des tins est de 3^m,50 du côté du large et de 1^m,75 du côté
de l'estacade; elles sont soutenues par des charpentes légères.

Le dessus des tins est à la cote 17^m,15 de l'échelle du port.

On a établi en tête du gril un petit bassin, qui sert à le nettoyer
au moyen de chasses.

Pour compléter les installations destinées au radoubage des navires, on a aménagé la cale aux bois située dans le bassin, au Nord
de la Mâture, de manière qu'elle puisse servir pour l'abatage des
navires.

L'établissement du gril a été autorisé par une décision du 13 mars
1857.

Les dépenses d'établissement du gril proprement dit, s'élevant à
22,500 francs, ont été supportées par la société de commerçants
qui l'exploite.

L'État a pris à sa charge une somme de 24,500 francs, représen-
tant les frais de construction de l'estacade et d'exécution des terrassements.

Cette dépense a été imputée sur la dotation de la loi du 16 juillet 1845.

Le tableau de la page suivante contient l'indication des travaux
accessoires, exécutés sur fonds spéciaux, dont il n'a pas été fait
mention dans les tableaux précédents.

La dépense correspondante est de près de 30,000 francs, non
compris l'établissement du phare, qui intéresse plus spécialement
les navigateurs passant au large, et qui a coûté 75,000 francs.

INDICATION DES TRAVAUX ACCESSOIRES.

DATES DES LOIS ET DÉCISIONS.	INDICATION DES TRAVAUX.	DÉPENSES.
30 juin 1837.........	Réinstallation d'un feu de marée sur la jetée Nord.............................	3,500ᶠ 00ᶜ
29 mars 1855.........	Établissement d'un nouveau système de signaux de marée...........................	5,600 00
1855...............	Établissement d'une bouée de halage en avant des jetées [1].....................	5,438 16
24 septembre 1858.....	Installation d'une cloche de brume.........	1,000 00
2 février 1861........	Construction du pont Gayant (part de l'État)..	9,908 58
1863..............	Déplacement de la bouée de halage [1]........	2,000 00
25 septembre 1869....	Déplacement du feu de la jetée du Sud.......	1,950 00
	Total des dépenses au 31 décembre 1872.	29,396 74

[1] Le maintien de cette bouée est devenu inutile depuis que le port a un service de remorquage.

En résumé, les dépenses d'établissement du port de Fécamp, non compris les frais d'entretien ordinaire, s'élèvent, au 31 décembre 1872, à la somme de 13,500,000 francs, ainsi répartie :

Jetées.................................	5,992,000 fr.
Travaux de la plage Ouest.................	35,400
Quais de l'avant-port.....................	1,094,000
Écluse et retenue des chasses..............	913,000
Écluse et bassin Bérigny..................	4,400,000
Écluse de communication et bassin Gayant......	326,000
Travaux d'approfondissement du chenal et de l'avant-port.................................	730,000
Carénage des navires....................	24,500
Travaux divers........................	30,000

Total des dépenses au 31 décembre 1872 ... 13,544,900 fr.

Les dépenses qui restent à faire pour l'achèvement des travaux dont les projets sont approuvés s'élèvent :

Pour les jetées, à......................	737,000 fr.
Pour l'avant-port, à....................	60,500
Pour le bassin Gayant, à................	81,500
Ce qui fait un Total de...............	879,000 fr.

Le crédit d'entretien est annuellement de 30,000 francs et est consacré, en majeure partie, aux jetées et à l'avant-port.

CHAPITRE IV.

COMMERCE.

Le tonnage total de jauge du port de Fécamp, non compris les mouvements de la pêche côtière, s'est élevé, en 1869, à 136,303 tonneaux, répartis ainsi qu'il suit :

DÉSIGNATION DES NAVIRES.	NOMBRE DE NAVIRES.			TONNAGE DE JAUGE.			TONNAGE MOYEN.
	ENTRÉE.	SORTIE.	TOTAL.	ENTRÉE.	SORTIE.	TOTAL.	
Navires à voiles....	713	716	1,429	67,839ᵗ	67,920ᵗ	135,759ᵗ	95,0
Navires à vapeur...	1	1	2	272	272	544	272,0
Totaux et moyenne.	714	717	1,431	68,111	68,192	136,303	95,3

Le nombre des navires entrés en relâche en 1869 a été de 34, jaugeant 3,217 tonneaux.

Le port a expédié, en 1869, pour la pêche de la morue, 34 navires à Terre-Neuve, jaugeant ensemble 8,388 tonneaux, et 9 en Islande, jaugeant 675 tonneaux, le tout monté par 868 hommes.

Les produits de cette pêche ont été évalués à 2,104,128 fr. 30 c.

Les produits de la pêche côtière, comprenant le maquereau et le hareng salés, se sont élevés, la même année, à 4,147 tonnes et ont été évalués à 1,938,798 fr. 50 cent. Les armements ont été de 176 bateaux, jaugeant 3,312 tonneaux et montés par 1,468 hommes.

Le commerce de Fécamp consiste en importations de charbons et de bois du Nord et en transports de grains.

On exporte, sous forme de lest, du galet noir et de la marne pour les usines anglaises.

Les importations et les exportations se sont élevées, en 1869, à 56,534,751 kilogrammes.

Fécamp est la tête d'un embranchement de chemin de fer de 20 kilomètres de longueur, qui se relie à la ligne de Paris au Havre à la gare de Beuzeville; des voies posées sur les quais mettent le bassin et l'avant-port en relation directe avec la gare.

Les autres voies de terre desservant Fécamp sont les routes nationales n°⁵ 25 et 26, vers le Havre, Rouen et Dieppe; les routes départementales n° 17, venant du Havre, et n° 20, allant vers Ourville; enfin le chemin de grande communication n° 73, allant vers Bolbec.

L'importance du mouvement du chemin de fer depuis 1860 et les résultats des comptages effectués sur les routes en 1869 sont consignés dans les tableaux suivants :

DÉSIGNATION DES ROUTES.	VOITURES					TOTAL des VOITURES chargées.	TOTAL GÉNÉRAL.
	D'AGRI-CULTURE.	DE ROULAGE.	D'ENTRE-PRISES régulières pour voyageurs.	PARTICU-LIÈRES.	VIDES.		
Route nationale { vers l'Ouest .	98	133	1	71	74	303	377
n° 25 { vers l'Est . . .	163	140	1	82	113	386	499
Route nationale n° 26	28	133	4	124	73	289	362
Route départementale n° 20	37	227	4	69	140	337	477
Route départe- { vers l'Ouest .	114	208	12	79	97	413	510
mentale n° 17 { vers l'Est . . .	13	124	8	57	71	202	273
TOTAUX	453	965	30	482	568	1,930	2,498

MOUVEMENT DES VOYAGEURS ET DES MARCHANDISES À GRANDE ET À PETITE VITESSE DANS LA GARE DE FÉCAMP,
DE 1860 À 1871.

ANNÉES.	NOMBRE DE VOYAGEURS		TONNAGE DES MARCHANDISES.				PRODUITS À L'EXPÉDITION.		
			GRANDE VITESSE		PETITE VITESSE			MARCHANDISES et accessoires (grande et petite vitesse).	TOTAL.
	AU DÉPART.	À L'ARRIVÉE.	À L'EXPÉDITION.	À L'ARRIVAGE.	À L'EXPÉDITION.	À L'ARRIVAGE.	VOYAGEURS.		
1860	36,729	35,497	210ᵗ	209ᵗ	29,932ᵗ	15,765ᵗ	126,127f 30c	166,931 90	293,059f 20c
1861	41,580	40,853	781	238	33,023	19,482	139,415 45	221,645 01	361,060 46
1862	41,593	40,494	748	226	34,230	17,739	140,317 15	224,101 75	364,418 90
1863	41,732	41,007	919	221	32,034	17,122	138,738 30	217,324 77	356,063 07
1864	44,135	43,333	717	277	36,073	18,442	151,769 52	226,152 45	377,921 97
1865	41,653	40,973	776	263	47,552	19,486	153,398 85	283,090 85	436,484 70
1866	43,783	43,352	772	294	47,091	20,790	141,637 63	286,852 97	428,490 60
1867	47,424	47,124	757	272	40,103	20,309	159,956 37	261,651 71	421,608 08
1868	52,697	52,481	1,195	300	42,858	24,022	172,411 28	317,504 70	489,915 98
1869	57,428	56,921	857	359	40,660	22,961	180,094 93	288,354 90	468,449 88
1870	46,262	45,442	865	275	33,781	16,833	138,768 59	253,991 38	392,759 97
1871	44,490	44,302	2,100	395	36,286	16,528	155,976 73	347,426 46	503,403 19

BIBLIOGRAPHIE.

De nombreux ouvrages traitent de l'histoire de Fécamp; en voici la liste :

Mémoires de la Société des antiquaires de Normandie, t. XII et XXIV.
Gallia Christiana.
Chronicon Fiscannense.
D'Anville, Notice de l'ancienne Gaule.
Mémoires de l'Académie des inscriptions et belles-lettres. Année 1746.
A. Dumoustier, Neustria pia.
Lamblardie, Mouvement du galet sur les côtes de haute Normandie, 1789.
Duplessis, Dictionnaire géographique et historique de la haute Normandie, t. I.
Noël, Second Essai sur le département de la Seine-Inférieure.
J. Michel, Causeries sur Fécamp, Yport, Étretat.
E. Gaillard, Recherches archéologiques.
Richard, Histoire des villes de France, t. V.
L'abbé Cochet, Notice sur Dom Fillastre. — La Normandie souterraine. — Épigraphie de la Seine-Inférieure. — Bulletin monumental, t. XII. — Bulletin du Comité de la langue, de l'histoire et des arts de France. — Voies romaines. — Les églises de l'arrondissement du Havre. — La Seine-Inférieure historique et archéologique.
C. Marette, Esquisse historique sur Fécamp.
Nodier, Taylor et De Cailleux, Voyages pittoresques et romanesques dans l'ancienne France, haute Normandie, t. I.
De Glanville, Promenade archéologique de Rouen à Fécamp.
A. Bosquet, La Normandie romanesque et merveilleuse.
Germain, Guide du voyageur à l'abbaye, dans la ville et sur le territoire de Fécamp.
Guilmeth, Dictionnaire géographique, historique, statistique et monumental, t. I.
Fallue, Histoire de la ville et de l'abbaye de Fécamp.
Le Roux de Lincy, Essai historique et littéraire sur l'abbaye de Fécamp.
De Genouillac, Histoire de l'abbaye de Fécamp.

La plupart de ces ouvrages, à l'exception de celui de Lamblardie, traitent plus spécialement l'histoire de la ville et de son abbaye, et ne s'occupent qu'incidemment du port.

Les archives du service du port renferment une collection de dessins et de modèles assez complète depuis 1770.

RENSEIGNEMENTS GÉNÉRAUX.

MARÉES.

Heure de l'établissement du port............................... $10^h 44^m$
Unité de hauteur... $3^m,70$
Durée de l'étale...   "

HAUTEUR, PAR RAPPORT AU ZÉRO DES CARTES MARINES, DU NIVEAU MOYEN

Des pleines mers de vive eau ordinaires .... $7^m,90$
Des pleines mers de morte eau ordinaires......................... 6 ,30

CHENAL ENTRE LES JETÉES.

Largeur .... { à l'entrée, d'un musoir à l'autre.................. $70^m,00$
                 { dans la partie la plus étroite..................... 40 ,00
Longueur.. 320 ,00
Profondeur d'eau { en vive eau ordinaire......................... 8 ,10
                 { en morte eau ordinaire........................ 6 ,50

ÉCLUSES DES BASSINS À FLOT.

Largeur.................... { Écluse d'entrée du bassin Bérigny..... $16^m,50$
                           { Écluse d'entrée du bassin Gayant..... 10 ,00

Longueur.................. { Écluse d'entrée du bassin Bérigny..... 33 ,80
                           { Écluse d'entrée du bassin Gayant...... 37 ,00

Hauteur d'eau sur { en vive eau { Écluse d'entrée du bassin Bérigny..... 9 ,40
le busc de l'é-   { ordinaire. { Écluse d'entrée du bassin Gayant...... 5 ,40
cluse........   { en morte eau { Écluse d'entrée du bassin Bérigny..... 7 ,80
                  { ordinaire. { Écluse d'entrée du bassin Gayant..... 3 ,80

SUPERFICIE AFFECTÉE AU SÉJOUR DES NAVIRES.

Avant-port ou port d'échouage.................... .... $5^h,00^a$
Bassins à flot... 5 ,80

FÉCAMP.

LONGUEUR UTILE DES QUAIS

De l'avant-port ou port d'échouage.............................. 540^m

Des bassins à flot. { Longueur des quais.......................... 880
                     { Nombre d'appontements...................... 11

SURFACE UTILE DES TERRE-PLEINS DES QUAIS

De l'avant-port ou port d'échouage.............................. 15,000^{mq}
Des bassins à flot... 51,000

BASSIN DES CHASSES.

Superficie (y compris les 2 hectares du bassin Gayant)................ 29 hectares.
Contenance en pleine mer de vive eau ordinaire..................... 400,000^{mc}

Dépenses totales de premier établissement au 1er janvier 1873............ 13,500,000^f

PORT D'YPORT.

CHAPITRE PREMIER.

RENSEIGNEMENTS GÉOGRAPHIQUES ET HYDROGRAPHIQUES.

Yport est situé à 2 milles ½ au S. O. de Fécamp. Sa longitude est de 2° 1′ 35″ Ouest, et sa latitude, de 49° 44′ 20″ Nord.

La falaise qui court dans la direction de l'E. N. E. se retourne à angle droit, sur une longueur de 400 mètres, pour reprendre ensuite sa direction primitive.

C'est à l'extrémité Sud de ce ressaut, à l'entrée d'une vallée ouverte au Nord, qu'est situé le village d'Yport.

Yport n'est qu'un lieu d'échouage ; les pêcheurs mettent leurs bateaux hors des atteintes de la mer en les remontant, au moyen de cabestans, sur le haut de la plage de galet qui est située immédiatement au-dessous des maisons du village.

Un banc de roche assez élevé s'étend au devant de la grève et ne permet d'accoster qu'à mer haute ; les bateaux doivent, en conséquence, attendre à l'ancre le moment favorable.

L'échouage, à l'abri des vents d'Ouest, peut souvent être abordé pendant que la grosseur de la houle empêche les bateaux d'accoster à Étretat ou de tenter l'entrée du port de Fécamp ; aussi sert-il souvent comme lieu d'embarquement aux pilotes de ce dernier port.

Par contre, les grands vents du N. O. au N. E. rendent l'accostage impossible.

Il n'a pas été fait à Yport d'observations suivies sur les vents, les courants et les marées, dont le régime paraît être entièrement le même qu'à Fécamp.

L'échouage d'Yport se trouve sur le passage du galet, qui, en venant de la direction d'Étretat, est transporté par les vagues jusqu'à la plage de Fécamp.

Ce galet double la pointe du Chicart, passe devant l'échouage et contourne l'épi qui maintient le relief de la plage, pour continuer sa course vers l'Est.

CHAPITRE II.

HISTORIQUE.

Yport, anciennement *Icport*, paraît avoir été fréquenté par les pêcheurs depuis un temps immémorial. Simple village érigé en commune depuis quelques années seulement, il n'a joué aucun rôle dans l'histoire.

Vers la fin du siècle dernier, on y établit une jetée en maçonnerie, pour retenir le galet et augmenter ainsi la largeur de l'emplacement affecté au service de la pêche.

Cette jetée a été prolongée en 1858 par un épi bas, également en maçonnerie.

On accède du village à la plage par des rampes pavées, situées à l'Est et à l'Ouest de la jetée, perpendiculairement à sa direction. Ces ouvrages ont été bouleversés, à diverses reprises, dans les inondations auxquelles Yport est exposé; leurs dispositions actuelles permettent aux eaux de se déverser sans causer de dégâts aux ouvrages.

Yport, situé dans une vallée pittoresque, a acquis une certaine importance comme station de bains; un casino a été construit sur la grève, aux abords de la jetée, en 1864.

La population sédentaire s'élève à 1,815 habitants, et est entièrement adonnée à la pêche.

CHAPITRE III.

DESCRIPTION DU PORT.

Les conditions dans lesquelles les pêcheurs mettent à profit l'échouage d'Yport ont été indiquées plus haut.

La jetée, établie à la fin du siècle dernier pour augmenter le relief du relais de galet, est fondée sur un banc de roche calcaire tendre ; elle est formée d'un massif en moellon, parementé en pierre de taille des carrières de Fécamp. Elle a 53 mètres de longueur ; sa hauteur varie de 6 à 7 mètres ; son épaisseur moyenne est de $5^m,40$; son couronnement est établi à $0^m,85$ au-dessus des hautes mers de vive eau d'équinoxe. On y accède du village par un escalier ; à la tête de la jetée est un ancien corps de garde, établi sur un massif en maçonnerie dans l'angle formé par la jetée et la rampe Est.

Le relief de la plage résultant de la construction de cet ouvrage ne donnant pas une sécurité suffisante aux pêcheurs, on a décidé. en 1858, de le prolonger de 23 mètres ; on s'est borné, par économie, à exécuter ce prolongement sous forme d'un épi, dont la crête a reçu une inclinaison de $0^m,13$ par mètre ; la hauteur de cet épi varie de $3^m,70$ à 1 mètre, et son épaisseur moyenne, de $2^m,30$ à $1^m,50$. Le couronnement a reçu la forme d'un cylindre à section circulaire ; les maçonneries ont été exécutées en mortier de ciment à prise rapide de Boulogne ; les parements ont été faits en silex.

La jetée proprement dite a nécessité récemment de grosses réparations : son couronnement, entamé par les tempêtes, a dû être refait. On a profité de cette circonstance pour y établir un parapet.

Le parement Est, ayant été usé et déchaussé dans sa partie inférieure par le frottement du galet, vient également de subir une restauration complète.

On en a défendu le pied par une risberme de 1^m,50 de large, construite en béton, avec revêtement en silex ; on a en même temps substitué une maçonnerie de silex à la pierre de taille du parement, sur une hauteur de 2^m,10 et une épaisseur moyenne de 0^m,35.

Un travail analogue a été exécuté à l'épi, dont les mortiers sont en pleine décomposition. On en a défendu le pied par une petite risberme, et on en a refait tout le revêtement sur une épaisseur de 0^m,40. La section circulaire du couronnement ayant causé de fréquentes avaries, on y a substitué une forme trapézoïdale.

Ces divers travaux ont été exécutés avec mortier de ciment de Portland.

Les communications entre le village et l'échouage étaient assurées anciennement par une rampe très-roide, en forme de demi-cercle.

Cet ouvrage a dû être refait presque en entier, à la suite de l'inondation de 1820. Détruit de nouveau en 1842, il a été reconstruit suivant d'autres dispositions. La rampe a été placée perpendiculairement à la jetée, avec double mur de soutenement vers la plage et vers le village.

Elle a une longueur totale de 41 mètres et une pente de 0^m,09 par mètre ; un déversoir établi à son extrémité a été enlevé par les eaux en 1866, et remplacé par un escalier qui remplit le même office ; on a en même temps construit un aqueduc, qui permet d'évacuer, à l'Est de la jetée, les eaux ménagères, qui se répandaient auparavant sur la plage et devenaient une cause d'insalubrité.

La rampe qui permet d'accéder à la grève, à l'Est de la jetée, sert à l'enlèvement du varech et à la pêche à pied ; elle est de construction récente ; elle a 43 mètres de longueur et une pente de 0^m,10 par mètre. Il y avait anciennement en ce point une batterie soutenue par un mur sur une longueur de 22 mètres ; en 1860, on a dérasé ce mur suivant le plan incliné qui forme aujourd'hui

la rampe, et on l'a prolongé d'une quantité suffisante pour re-
joindre la plage. Ce prolongement a été fait en moellons posés à
sec, et revêtu d'une maçonnerie de mortier de ciment à prise rapide.

La rampe est recouverte d'un pavage en silex posé à bain de
mortier.

Le mur de soutenement de la rampe a éprouvé les mêmes accidents que la jetée et l'épi, et doit subir le même genre de réparation, consistant dans la construction d'une risberme encastrée dans
la roche, et la réfection du parement sur toute la hauteur exposée au frottement du galet.

Pour améliorer les conditions d'exploitation de la plage par une
meilleure disposition des cabestans et des magasins de pêcheurs,
l'administration a arrêté un plan d'alignements, approuvé par décret du 11 avril 1868.

La dépense s'élèvera à 7,000 francs.

Enfin une décision du 17 décembre 1872 vient d'approuver un
projet ayant pour but le creusement d'un chenal dans le banc de
roche tendre qui s'étend au devant de l'échouage; son plafond se
trouvera sensiblement au niveau des basses mers ordinaires de vive
eau et aura une largeur de 15 mètres; une balise en signalera
l'extrémité du côté du large. L'exécution de ce travail permettra
aux bateaux du pays d'accoster à basse mer de morte eau et à
moins de deux heures de mer montante en vive eau; ils pourront
ainsi mieux mettre à profit les avantages que présente la situation
d'Yport.

Les dépenses faites jusqu'à ce jour peuvent s'évaluer à la somme
de 265,000 francs, dont voici le détail:

DÉCISIONS APPROBATIVES.	INDICATION DES TRAVAUX.	JETÉE.	ÉPI.	RAMPES.
	Dépenses antérieures à 1820....	150,000^f 00^c	"	40,000^f 00^c
28 mars 1820......	Réparations des dégâts causés par une inondation, en 1820.....	"	"	9,000 00
4 avril 1844.......	Reconstruction de la rampe Ouest détruite par une inondation...	"	"	25,000 00
	Indemnités de terrain y relatives.	"	"	4,002 62
16 décembre 1857...	Construction de l'épi.........	"	6,500^f 00^c	"
29 décembre 1865...	Réparation des dégâts causés par une inondation en 1865......	"	"	6,000 00
17 décembre 1869...	Réparation de la jetée........	7,500 00	"	"
12 mars 1872......	Réparation de la jetée, de la rampe Est et de l'épi (dépenses au 31 décembre 1872)........	9,242 93	5,507 32	1,800 00
	TOTAUX PARTIELS.....	166,742 93	12,007 32	85,802 62
DÉPENSE TOTALE au 31 décembre 1872.....		264,552^f 87^c		

Il reste encore à dépenser, pour compléter la dernière des entreprises indiquées ci-dessus, une somme de 15,000 francs, correspondante à la réparation de la rampe Est.

L'exécution du plan d'alignement doit entraîner une dépense totale de 7,000 francs, y compris les frais de construction d'un chemin de ronde au pied des escarpements qui limitent la plage du côté de la terre.

Enfin, le chenal projeté doit coûter 18,000 francs. Les deux tiers de cette somme doivent être fournis par le Département de la marine et les intéressés.

CHAPITRE IV.

COMMERCE.

La pêche se fait par des bateaux non pontés, dont le tonnage n'excède pas 7 tonneaux $\frac{1}{2}$.

Yport arme en moyenne 45 bateaux, montés par 160 hommes. Les produits vendus sur la plage se sont élevés, en 1869, à 100 tonneaux, évalués 85,000 francs.

Yport fournit annuellement un nombre important de marins pour les armements du port de Fécamp.

BIBLIOGRAPHIE.

On trouve des renseignements sur Yport dans les ouvrages suivants :

Causeries sur Fécamp, Yport et Étretat, par J. Michel, 1857.
Le Havre et son arrondissement (canton de Fécamp), par l'abbé Cochet.
Les églises de l'arrondissement du Havre, par le même.
Étretat et ses environs, par le même, 1839.
La Seine-Inférieure historique et archéologique, par le même, 1864.

Les archives du service des ponts et chaussées remontent à 1820.

PORT D'ÉTRETAT.

CHAPITRE PREMIER.

RENSEIGNEMENTS GÉOGRAPHIQUES ET HYDROGRAPHIQUES.

Le port d'Étretat est situé à 2 milles du cap d'Antifer et à 7 milles de Fécamp ; la longitude du centre de la plage est de 2° 8′ 10″ Ouest, et la latitude de 49° 42′ 35″ Nord.

La côte court, en ce point de la Manche, dans la direction du N. E. Elle est formée par une falaise de craie et de silex taillée à pic, dont le pied repose sur un banc de roches étroit, découvrant à basse mer.

C'est au fond d'une petite baie formée par une anfractuosité de la côte, dans un vallon ouvrant vers le N. O., qu'est situé le port d'Étretat.

Cette petite baie est limitée à droite et à gauche par des falaises très-pittoresques, formant des pointes étroites et avancées, qui sont percées à jour en forme de voûtes ; son ouverture totale entre les pointes extrêmes est de 1,200 mètres, et sa profondeur, de 300 mètres.

Un banc de roche découvre à mer basse sous la falaise du côté Ouest ; dans tout le reste de la baie, la plage plonge très-rapidement.

Le centre de la vallée, sur une longueur de 360 mètres, est protégé par une digue de galet, qui s'élève à une hauteur d'environ 5 mètres au-dessus des hautes mers de vive eau d'équinoxe.

C'est sur cette digue que les pêcheurs hissent leurs bateaux, au moyen de cabestans disposés à cet effet, pour les mettre hors des atteintes de la mer, la plage n'ayant aucun abri contre les vents du large.

C'est principalement sur le côté Ouest que sont groupés ces cabestans, parce que ce côté est d'accès moins difficile par les vents qui règnent dans la mauvaise saison.

L'accostage est impossible dans les gros temps; les bateaux qui ont pris la mer doivent se réfugier à Yport ou à Fécamp.

Il n'a été fait aucune observation spéciale à Étretat sur le régime des vents et des marées, qui peut être considéré comme étant le même qu'à Fécamp.

Les fonds attenants au rivage, et sur lesquels il reste moins de 15 mètres d'eau à basse mer, forment au N. O. d'Étretat une pointe qui s'avance à 1 mille au large, et lorsque le courant de flot est dans toute sa force, cette pointe occasionne un grand remous, connu sous le nom de *Hardiers*, qui rend parfois la mer très-dure en face de la baie et des falaises qui la limitent à l'Est.

La plus grande vitesse du flot au large est de 4 nœuds dans les marées moyennes, et sa direction principale est N. E.

La masse de galet qui constitue la plage d'Étretat proprement dite provient de l'éboulement des falaises qui la limitent ; sous l'action des vagues, ce galet se transporte d'une partie à l'autre de la baie, tout en restant cantonné entre les pointes extrêmes, dont la saillie est trop forte pour qu'elles puissent jamais être contournées, quelle que soit la persistance des vents dans une même direction.

CHAPITRE II.

Étretat a dû être utilisé comme port d'échouage depuis les temps les plus reculés; on y trouve de nombreuses traces de l'occupation par les Romains et les restes d'une chaussée qu'ils ont dû construire pour relier cette côte à Lillebonne.

Il portait anciennement le nom de Strutat ou Estrutat.

La tradition a conservé le souvenir d'une rivière qui arrosait anciennement la vallée, et qui a disparu sous terre.

Simple village de pêcheurs, Étretat n'a pu avoir un rôle dans l'histoire qu'à l'époque où les ports voisins n'étaient pas créés.

Il faisait anciennement partie des dépendances de l'abbaye de Fécamp; on rencontre son nom pour la première fois, en 1024, dans une charte du duc Richard II. En 1295 et 1340, il fournit un contingent aux flottes de Philippe le Bel et de Philippe de Valois.

Le nom d'Étretat, plongé dans l'oubli, a acquis de nouveau, dans ces dernières années, un certain renom, comme l'une des stations de bains les plus fréquentées du littoral.

Par sa situation topographique, Étretat est exposé, comme Yport, à des afflux d'eau considérables.

A diverses reprises, le village, dont le sol est inférieur à la crête de la digue de galet qui le défend contre la mer, s'est trouvé en grande partie submergé. En 1822, à la suite d'une inondation dans laquelle plusieurs personnes ont perdu la vie, on a construit, pour faciliter l'écoulement des eaux, un canal se déchargeant à travers le relais de galet par une buse en charpente.

Cette buse fonctionnait mal, et son peu de longueur l'exposait à être fréquemment couverte par le galet; elle a été prolongée en 1865.

Ces travaux ont été complétés par la construction d'un canal souterrain, de 650 mètres de long, qui débouche dans la falaise et détourne la masse principale des eaux avant leur arrivée dans le village.

La plage était anciennement occupée par une ligne de fortifications; on vient d'en détruire les derniers vestiges, consistant dans une tour fort ancienne et dans les restes d'une batterie, protégée par des estacades, à la faveur desquelles on a établi un casino.

En 1834, on construisit dans la partie centrale de la baie, devant cette ancienne batterie, un épi destiné à restreindre les déplacements de galet, qui sont parfois assez importants pour exposer quelques cabestans à être enlevés par la mer.

Cet épi n'existe plus aujourd'hui.

Aucun autre ouvrage d'art n'a été construit par l'État pour défendre la plage.

Des projets de port ont été mis en avant à diverses époques. L'amiral Bonnivet avait jeté les yeux sur Étretat, avant d'arrêter définitivement son choix sur le port du Havre, et Lamblardie avait proposé, en 1789, de construire deux grands môles s'appuyant aux pointes extrêmes de la baie, de manière à former un port de refuge susceptible d'abriter des vaisseaux. Ce projet a été de nouveau agité sous le premier Empire. D'autres projets plus restreints ont eu pour but de créer un abri pour les embarcations dans la partie Ouest de la baie; mais l'importance de la dépense et le peu de résultats à en attendre les ont fait écarter.

Un décret en date du 29 juin 1870 a approuvé un projet d'alignements qui assurera dans les meilleures conditions l'usage de la plage; il agrandira l'espace servant au placement des cabestans et des vieux bateaux, que les pêcheurs utilisent comme magasins pour renfermer les agrès d'un usage journalier.

La population sédentaire d'Étretat est de 1,906 habitants. La population flottante est considérable, par suite de l'affluence d'un grand nombre de baigneurs.

PLAN D'ÉTRETAT.

Les sondes, marquées par brasses de 5 pieds, ont été prises à marée basse.

PROJET D'UN PORT DE ROI, A CONSTRUIRE,

Présenté par LAMBLARDIE en 1789.

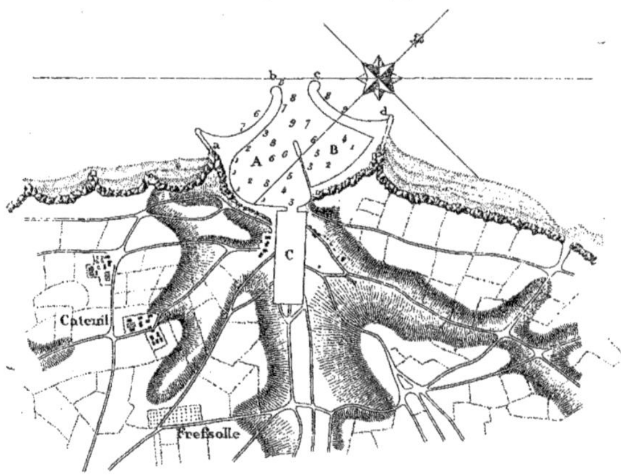

A, B. Avant-ports. *a, b, c, d.* Digues. *C.* Bassin.

12.

CHAPITRE III.

DESCRIPTION DU PORT.

La grève est accessible de basse comme de haute mer; la houle seule rend parfois l'accostage impossible. Pour se guider, la nuit, les pêcheurs entretiennent, au moment de la plus grande activité de la pêche, un feu situé vers le centre de la partie Ouest, où sont presque tous les cabestans.

L'estacade qui défendait l'ancienne batterie a subi en 1817 une grosse réparation, qui a entraîné une dépense de 4,200 francs.

Elle a été enlevée entièrement par la mer au mois de décembre 1869, et remplacée, aux frais de la Société du casino, par un perré en maçonnerie.

Ce perré présente en profil la forme d'un arc de parabole ayant $3^m,50$ de hauteur et autant de base; il se compose d'une couche de béton de chaux hydraulique, remplacée par de la maçonnerie de moellon dans la partie haute, et ayant de $0^m,50$ à $0^m,30$ d'épaisseur; le tout repose sur un remblai de marne pilonnée, et est recouvert d'un enduit de mortier de ciment de Portland. Le pied en est défendu par un parafouille de 1 mètre de hauteur, devant lequel se trouve une ligne de pieux bordés.

La dépense s'est élevée à la somme de 7,540 francs pour une longueur de 80 mètres, non compris un dallage de 2 mètres de largeur en arrière du couronnement.

L'épi construit en 1834 avait une longueur de 35 mètres et s'appuyait contre l'estacade de défense de l'ancienne batterie. Il était formé d'une file de pieux bordés sur les deux faces et reliés par un chapeau. L'intervalle entre les deux bordées était rempli de béton de chaux hydraulique. Il a coûté 6,866 fr. 47 cent., soit près de 200 francs le mètre courant. (Décision du 22 juillet 1834.)

L'exécution du plan d'alignements approuvé par le décret du 29 juin 1870 devra entraîner une dépense de 80,000 francs. Ce projet n'a pas encore reçu de commencement d'exécution.

Nous devons mentionner pour mémoire l'intervention de l'État pour une somme de 1,400 francs, s'appliquant à la réparation des dégradations causées par la mer en 1843, et aux emplacements qu'occupent les cabestans ; des subventions, s'élevant en tout à 5,500 francs, ont été allouées en outre sur le budget des ports maritimes pour l'exécution des travaux destinés à préserver Étretat des inondations.

CHAPITRE IV.

COMMERCE.

La pêche se fait par des bateaux non pontés dont le tonnage n'excède pas 8 tonneaux.

Étretat arme environ 5o bateaux, montés par 170 hommes. Les produits des ventes sur la plage se sont élevés, en 1869, à 175 tonnes, et ont été évalués 96,000 francs.

Étretat fournit annuellement un nombre important de marins pour les armements du port de Fécamp.

BIBLIOGRAPHIE.

Les ouvrages suivants renferment des renseignements sur Étretat :

Mémoire sur la marche du galet sur les côtes de la haute Normandie, par Lamblardie. 1789.

Le tour de France, par P. Justin. 1821.

Description géographique, historique, statistique et monumentale des arrondissements, t. I, par Guilmeth.

Reise und Rasttag in der Normandie, t. I, par J. Venedey. 1838.

Étretat et ses environs, par l'abbé Cochet. 1839.

Le Havre et son arrondissement, t. II, par le même.

Histoire communale du Tilleul, par le même. 1840.

L'Étretat souterrain, par le même. 1842-1844.

Les églises de l'arrondissement du Havre, t. I, par le même.

Étretat, son passé, son avenir, par le même.

La Normandie souterraine, par le même.

Sépultures gauloises, romaines, franques et normandes, par le même.

Voie romaine de Lillebonne à Étretat, par le même.

Bulletin d'Étretat, par le même. 1859 à 1862.

Articles publiés dans les Mémoires de la Société des antiquaires de Normandie,
t. XIV et XXIV; la Revue de Rouen; le Bulletin monumental, t. X; les Mémoires de la
Société havraise d'études diverses, 8ᵉ année, par le même.

La Seine-Inférieure historique et archéologique, par le même. 1864.
Causeries sur Fécamp, Yport et Étretat, par J. Michel. 1857.

Les archives du service des ponts et chaussées remontent à 1817.

9 782329 130408